O

第一推动丛书: 物理系列
The Physics Series

迷失
Lost in Math: How Beauty Leads Physics Astray

[德] 扎比内·霍森费尔德 著　舍其 译
Sabine Hossenfelder

GBK 湖南科学技术出版社
·长沙·

THE
FIRST
MOVER

总序

《第一推动丛书》编委会

科学，特别是自然科学，最重要的目标之一，就是追寻科学本身的原动力，或曰追寻其第一推动。同时，科学的这种追求精神本身，又成为社会发展和人类进步的一种最基本的推动。

科学总是寻求发现和了解客观世界的新现象，研究和掌握新规律，总是在不懈地追求真理。科学是认真的、严谨的、实事求是的，同时，科学又是创造的。科学的最基本态度之一就是疑问，科学的最基本精神之一就是批判。

的确，科学活动，特别是自然科学活动，比起其他的人类活动来，其最基本特征就是不断进步。哪怕在其他方面倒退的时候，科学却总是进步着，即使是缓慢而艰难的进步。这表明，自然科学活动中包含着人类的最进步因素。

正是在这个意义上，科学堪称人类进步的"第一推动"。

科学教育，特别是自然科学的教育，是提高人们素质的重要因素，是现代教育的一个核心。科学教育不仅使人获得生活和工作所需的知识和技能，更重要的是使人获得科学思想、科学精神、科学态度以及科学方法的熏陶和培养，使人获得非生物本能的智慧，获得非与生俱来的灵魂。可以这样说，没有科学的"教育"，只是培养信仰，而不是教育。没有受过科学教育的人，只能称为受过训练，而非受过教育。

正是在这个意义上，科学堪称使人进化为现代人的"第一推动"。

近百年来，无数仁人志士意识到，强国富民再造中国离不开科学技术，他们为摆脱愚昧与无知做了艰苦卓绝的奋斗。中国的科学先贤们代代相传，不遗余力地为中国的进步献身于科学启蒙运动，以图完成国人的强国梦。然而可以说，这个目标远未达到。今日的中国需要新的科学启蒙，需要现代科学教育。只有全社会的人具备较高的科学素质，以科学的精神和思想、科学的态度和方法作为探讨和解决各类问题的共同基础和出发点，社会才能更好地向前发展和进步。因此，中国的进步离不开科学，是毋庸置疑的。

正是在这个意义上，似乎可以说，科学已被公认是中国进步所必不可少的推动。

然而，这并不意味着，科学的精神也同样地被公认和接受。虽然，科学已渗透到社会的各个领域和层面，科学的价值和地位也更高了，但是，毋庸讳言，在一定的范围内或某些特定时候，人们只是承认"科学是有用的"，只停留在对科学所带来的结果的接受和承认，而不是对科学的原动力 —— 科学的精神的接受和承认。此种现象的存在也是不能忽视的。

科学的精神之一，是它自身就是自身的"第一推动"。也就是说，科学活动在原则上不隶属于服务于神学，不隶属于服务于儒学，科学活动在原则上也不隶属于服务于任何哲学。科学是超越宗教差别的，超越民族差别的，超越党派差别的，超越文化和地域差别的，科学是普适的、独立的，它自身就是自身的主宰。

　　湖南科学技术出版社精选了一批关于科学思想和科学精神的世界名著，请有关学者译成中文出版，其目的就是传播科学精神和科学思想，特别是自然科学的精神和思想，从而起到倡导科学精神，推动科技发展，对全民进行新的科学启蒙和科学教育的作用，为中国的进步做一点推动。丛书定名为"第一推动"，当然并非说其中每一册都是第一推动，但是可以肯定，蕴含在每一册中的科学的内容、观点、思想和精神，都会使你或多或少地更接近第一推动，或多或少地发现自身如何成为自身的主宰。

再版序
一个坠落苹果的两面：
极端智慧与极致想象

龚曙光

2017年9月8日凌晨于抱朴庐

连我们自己也很惊讶，《第一推动丛书》已经出版了25年。

或许，因为全神贯注于每一本书的编辑和出版细节，反倒忽视了这套丛书的出版历程，忽视了自己头上的黑发渐染霜雪，忽视了团队编辑的老退新替，忽视好些早年的读者，已经成长为多个领域的栋梁。

对于一套丛书的出版而言，25年的确是一段不短的历程；对于科学研究的进程而言，四分之一个世纪更是一部跨越式的历史。古人"洞中方七日，世上已千秋"的时间感，用来形容人类科学探求的日新月异，倒也恰当和准确。回头看看我们逐年出版的这些科普著作，许多当年的假设已经被证实，也有一些结论被证伪；许多当年的理论已经被孵化，也有一些发明被淘汰……

无论这些著作阐释的学科和学说，属于以上所说的哪种状况，都本质地呈现了科学探索的旨趣与真相：科学永远是一个求真的过程，所谓的真理，都只是这一过程中的阶段性成果。论证被想象讪笑，结论被假设挑衅，人类以其最优越的物种秉赋——智慧，让锐利无比的理性之刃，和绚烂无比的想象之花相克相生，相辅相成。在形形色色的生活中，似乎没有哪一个领域如同科学探索一样，既是一次次伟大的理性历险，又是一次次极致的感性审美。科学家们穷其毕生所奉献的，不仅仅是我们无法发现的科学结论，还是我们无法展开的绚丽想象。在我们难以感知的极小与极大世界中，没有他们记历这些伟大历险和极致审美的科普著作，我们不但永远无法洞悉我们赖以生存世界的各种奥秘，无法领略我们难以抵达世界的各种美丽，更无法认知人类在找到真理和遭遇美景时的心路历程。在这个意义上，科普是人类极端智慧和极致审美的结晶，是物种独有的精神文本，是人类任何其他创造——神学、哲学、文学和艺术无法替代的文明载体。

在神学家给出"我是谁"的结论后，整个人类，不仅仅是科学家，包括庸常生活中的我们，都企图突破宗教教义的铁窗，自由探求世界的本质。于是，时间、物质和本源，成为了人类共同的终极探寻之地，成为了人类突破慵懒、挣脱琐碎、拒绝因袭的历险之旅。这一旅程中，引领着我们艰难而快乐前行的，是那一代又一代最伟大的科学家。他们是极端的智者和极致的幻想家，是真理的先知和审美的天使。

我曾有幸采访《时间简史》的作者史蒂芬·霍金，他痛苦地斜躺在轮椅上，用特制的语音器和我交谈。聆听着由他按击出的极其单调的金属般的音符，我确信，那个只留下萎缩的躯干和游丝一般生命气息的智者就是先知，就是上帝遣派给人类的孤独使者。倘若不是亲眼所见，你根本无法相信，那些深奥到极致而又浅白到极致，简练到极致而又美丽到极致的天书，竟是他蜷缩在轮椅上，用唯一能够动弹的手指，一个语音一个语音按击出来的。如果不是为了引导人类，你想象不出他人生此行还能有其他的目的。

　　无怪《时间简史》如此畅销！自出版始，每年都在中文图书的畅销榜上。其实何止《时间简史》，霍金的其他著作，《第一推动丛书》所遴选的其他作者的著作，25年来都在热销。据此，我们相信，这些著作不仅属于某一代人，甚至不仅属于20世纪。只要人类仍在为时间、物质乃至本源的命题所困扰，只要人类仍在为求真与审美的本能所驱动，丛书中的著作，便是永不过时的启蒙读本、永不熄灭的引领之光。虽然著作中的某些假说会被否定，某些理论会被超越，但科学家们探求真理的精神，思考宇宙的智慧，感悟时空的审美，必将与日月同辉，成为人类进化中永不腐朽的历史界碑。

　　因而在25年这一时间节点上，我们合集再版这套丛书，便不只是为了纪念出版行为本身，更多的则是为了彰显这些著作的不朽，为了向新的时代和新的读者告白：21世纪不仅需要科学的功利，而且需要科学的审美。

　　当然，我们深知，并非所有的发现都为人类带来福祉，并非所有的创造都为世界带来安宁。在科学仍在为政治集团和经济集团所利用，甚至垄断的时代，初衷与结果悖反、无辜与有罪并存的科学公案屡见不鲜。对于科学可能带来的负能量，只能由了解科技的公民用群体的意愿抑制和抵消：选择推进人类进化的科学方向，选择造福人类生存的科学发现，是每个现代公民对自己，也是对物种应当肩负的一份责任、应该表达的一种诉求！在这一理解上，我们将科普阅读不仅视为一种个人爱好，而且视为一种公共使命！

牛顿站在苹果树下，在苹果坠落的那一刹那，他的顿悟一定不只包含了对于地心引力的推断，而且包含了对于苹果与地球、地球与行星、行星与未知宇宙奇妙关系的想象。我相信，那不仅仅是一次枯燥之极的理性推演，而且是一次瑰丽之极的感性审美……

如果说，求真与审美，是这套丛书难以评估的价值，那么，极端的智慧与极致的想象，则是这套丛书无法穷尽的魅力！

前言

　　他们信心满满，在上面押了几十亿美元。几十年来，物理学家一直告诉我们，他们知道接下来会在哪里有所发现。他们建造了加速器，往太空发射卫星，还往地下的矿井里埋了探测器。全世界都准备好了要对物理学更加羡慕嫉妒恨。但在物理学家期待着有所突破的地方，却始终毫无建树。实验没能带来任何新发现。

　　让物理学家一败涂地的并不是他们的数学，而是他们对数学的选择。他们相信，大自然母亲优雅、简洁，也会好心好意地给他们一些提示。他们觉得，在他们自言自语的时候，会听到她轻声低语。如今大自然发话了，说的是一无所有，又响亮又清晰。

　　理论物理学是严重依赖数学而且本身也极难理解的一门学科。本书尽管与数学有关，但包含的数学却少之又少。去掉方程和技术用语，物理学就变成了对意义的追寻 —— 这一追寻带来了意想不到的结果。无论自然界是在用什么支配我们的宇宙，都不是物理学家想象中的那个样子，也不是我以前所想的样子。

　　《迷失》讲的是审美判断如何驱动当代研究的故事。这是我自己的故事，反映了我之所学有何用途。但这也是很多别的物理学家的故事，他们在同一个矛盾中苦苦挣扎：我们相信自然定律会很美，但科学家难道不是不要去相信什么吗？

目录

第 1 章
物理学的隐秘规则

我认识到，我不再理解物理学。我跟朋友、同事交谈，发现并非只有我困惑不解，于是开始把理性带回现实。

优秀科学家的难题

我会创造新的自然定律，也以此为生。这世上有成千上万的研究人员，任务是让我们的粒子物理理论更加尽善尽美，我也是其中之一。在知识的殿堂中，我们是那些在地下室挖来挖去的人，探索着这座殿堂的地基。我们检查每一条地缝，对现有理论的缺陷满心疑虑；如果我们有所发现，就会叫实验人员来发掘更深的地层。20世纪，实验人员和理论学家之间的这种分工一直运行良好，但到了我们这一代人却行不通了，这很让人震惊。

我在理论物理领域待了20年，认识的大部分人都在以研究没人见过的东西为业。他们编造了让人大跌眼镜的新理论，比如我们的宇宙只是无穷多个宇宙中的一个，而所有这些宇宙合起来就成了"多重宇宙"。他们发明了数十种新粒子，宣称我们是更高维空间的投影，而这一空间产生于虫洞，多遥远的地方都可以通过虫洞相连。

这些想法有极大争议，然而也非常流行，纯属猜测但又引人入胜，中看但并不中用。大部分都很难验证，实际上可以说是无法验证；另外一些就连理论上都没法验证。这些想法的共同之处是，支持这些想法的理论学家都坚信，他们用到的数学中有自然真理的一个要素。他们相信，他们的理论太优秀了，不可能不成立。

如何发明新的自然定律 —— 确立新的定理 —— 不是在课堂上能学到的，也不是教科书会讲的。物理学家学会这些，部分是通过研究科技史，但更多的是通过向年长的同事、朋友、引导人、导师和评论家学习。这些技能代代相传，主要都是些经验之谈，是一种来之不易的直觉，知道什么能奏效。如果被问到某项新提出但尚未验证的理论前景如何，物理学家会援引自然、简洁、优雅、美丽的概念。这些隐秘规则在物理学的基础中无处不在，是无价之宝，但也与科学的客观性使命完全冲突。

这些隐秘规则对我们非常不利。尽管我们新提出了大量自然定律，但全都未经证实。在我眼睁睁看着自己的职业陷入危机的时候，我自己也陷入了个人危机。我不再肯定，在物理学的地基中的所作所为究竟是不是科学。如果不是，那我又为什么要在这里浪费时间呢？

我投身物理学，是因为我无法理解人类行为。我投身物理学，是因为数学会告诉我物理学是怎么回事。我喜欢井井有条，喜欢丁是丁、卯是卯的机器，喜欢数学对自然发号施令。20 年过去了，阻碍我理解物理学的，是我仍然无法理解人类行为。

"我们没法用严格的数学规则来定义，某个理论是不是美丽动人。"吉安·弗朗切斯科·朱迪切[1]（Gian Francesco Giudice）说，"不过，看到不同文化背景的人都对定理的美丽和优雅趋之若鹜，还是很让人惊讶的。我要是告诉你：'你看，我有篇新文章，这个理论可漂亮了。'我用不着告诉你理论的细节，你就能知道我为什么这么激动了。对吧？"

我不知道。这也是为什么我要找他聊：为什么自然定律必须在意我的发现美不美？我和宇宙之间的这种关联似乎非常神秘，非常浪漫，也一点都不像我。

但吉安认为大自然在意的并不是**我**的发现美不美，而是**他**的发现美不美。

他说："大部分时候这都是直觉，没有什么能用数学术语来衡量：这就是所谓的物理直觉。物理学家和数学家对美丽的看法有极为重要的区别。解释经验事实和运用基本原则要正确结合，才能让物理理论又成功又美丽。"

---

1. 意大利理论物理学家，在欧洲核子研究中心从事粒子物理学与宇宙学工作。——译者注

吉安是欧洲核子研究中心（CERN）理论部门的负责人。核子中心运行着目前最大的粒子对撞机 —— 大型强子对撞机（LHC），这也是人类迄今为止对物质基本结构最切近的审视：价值60亿美元、长27km的地下环形管道，用来加速质子，使之以接近光速的速度互相撞个粉碎。

这台对撞机是各种极端的集大成者：超导磁铁、超高真空、计算机集群（实验中每秒能记录约3GB数据 —— 与数千本电子书相当）。数千名科学家荟萃于此，集数十年研究之功，还用了数十亿高科技零部件，目的只有一个：找出质子是由什么构成的。

吉安接着说道："物理学这个游戏十分精妙。发现其规则不仅需要理性，还需要主观判断。对我来说，正是这些不合情理之处让物理学趣味横生、激动人心。"

我是从自己的公寓打的这通电话，我周围堆满了纸箱。我在斯德哥尔摩的职位已经到期，是时候向前看，去找点别的研究经费了。

毕业时我觉得，理论物理的圈子会成为我的家，一群同声相应、同气相求的探寻者的家，探寻着去理解大自然。但我的同事们一边鼓吹着不偏不倚的经验判断极为重要，一边又用审美标准来为自己钟爱的理论辩护，在他们中间，我变得越来越格格不入了。

吉安说道 :"如果你一直想攻克一个问题，那当你找到答案时，你就会有这种发自内心的狂喜。在这一时刻，你突然就开始看到，在你的推理背后出现了结构。"

吉安的研究集中在发展粒子物理的新理论，希望解决现有理论中的问题。他开创了一种方法，可以量化一个理论有多自然。这是种数学检验标准，从中可以确定一个理论有多依赖于几乎不可能的巧合[1]。一个理论越是自然，就越不需要巧合，也越有魅力。

他说 :"物理理论中的美感必定是我们大脑中与生俱来的，而不是由社会构想出来的。这种美感能触动心弦。当你在一个美丽的理论面前张口结舌时，你的情感反应就跟你站在一件艺术品面前是一样的。"

并不是说我不知道他在说些什么；我不知道的是，这有什么关系。我很怀疑，我的美感能成为发现自然界基本定律的可靠指南，就是这些定律支配着实实在在的行为表现，但我对这样的实在并没有直接的观感，从来没有过，也永远不会有。如果这种美感在我的大脑中与生俱来，那就应该曾在自然选择中大有裨益。但懂得量子引力能有什么样的进化优势呢？

尽管创作美丽的作品会让人肃然起敬，但科学并不是艺术。

---

1. Barbieri R, Giudice GF. 1988. *Upper bounds on supersymmetric particle masses.* Nucl. Phys. B. 306:63. —— 作者原注 (以下如非特别说明，均为作者原注)

我们寻找理论可不是为了唤起情感反应，我们是在为观察到的一切寻求解释。科学事业要有条有理，这样才能克服人类认知缺陷，避免陷入直觉的谬误。科学无关乎情感，而是关乎数字和方程，关乎数据和图表，关乎事实和逻辑。

我想，我挺希望他证明我错了。

我问吉安在最近的LHC数据中有何发现，他说："我们很困惑。"终于，我明白了一点什么。[4]

失败

LHC在运行的头几年，尽职尽责地产生了一种叫作希格斯玻色子的粒子，早在20世纪60年代就已经有人预言有这种粒子存在。我和同事们对这个耗资数十亿美元的项目寄予厚望，希望它除了能证实人人都毫无疑问的事情之外，还能做到更多。我们在物理学的地基中发现了一些缝隙，这让我们坚信LHC也会产生别的迄今尚未发现的粒子。我们错了。LHC没有任何发现能支持我们新提出的自然规律。

我们天体物理学同行也没好到哪儿去。20世纪30年代，他们发现星系团所包含的质量，比所有可见物质加在一起所能解释的要多得多。即使考虑到数据中会有极大的不确定性，也还需要一种新的"暗物质"才能解释观测结果。暗物质的万有引力的证据越来越多，因此可以肯定暗物质是存在的。然而，暗物质由什么组成仍然是个谜。天体物理学家相信，这是某种地球上不存在的粒子，既不吸收光线，也不发射光线。他们想出了新的自然规律和未经证实的理论，以指导建设探测器，验证他们的想法。从20世纪80年代开始，就有数十个实验小组一直在寻找这些假想的暗物质粒子。他们一无所获，新理论仍然得不到证实。

宇宙学的前景看起来也同样黯淡。这个领域的物理学家在试图了解是什么让宇宙膨胀得越来越快，这一观测结果被归因于"暗能量"，但他们同样徒劳无功。他们可以从数学上证明，这层奇怪的基底只不过是真空携带的能量，而目前他们还算不出来这一能量的大小。这是物理学家想要一窥究竟的地基上的缝隙之一，但到目前为止，还没有任何发现能支持他们想出来解释暗能量的新理论。

同时，在量子物理学领域，我们的同行想要改进一个没有任何缺点的理论。他们的行动基于这样一种信念：如果什么东西跟可测量实体不符，那么其数学结构就肯定有问题。理查德·费曼（Richard Feynman）、尼尔斯·玻尔（Niels Bohr）和20世纪另外一些物理学偶像都曾抱怨："没有人懂量子力学。"这让他们很恼火。量子领域的研究人员想发明更好的理论，他们和所有人一样，相信自己找到了正确的缝隙。所有实验都支持来自20世纪的无法理解的理论作出的预测。新理论呢？都还只是未经检验的猜测而已。

为了找出新的自然定律，人们付出了极大心血，但全都付诸东流。30多年了，我们一直未能让物理学的地基更加稳固。

所以，你想知道是什么让这个世界凝为一体？宇宙是怎样形成的？我们的存在遵循什么规律？你最有可能找到答案的方法就是，沿着事实的轨迹一直向下追寻到科学的地下室。一直跟着这条轨迹，直到事实也只剩一鳞半爪，而在你前进的路上，那些争论着谁的理论更漂亮的理论家挡着道。这时候你就知道，你已经抵达地基了。

物理学的地基是什么呢？就是在我们的理论中，就我们目前所知无法从更简单的东西中推导出来的那些成分。这是物理学大厦的最底层，目前我们有空间、时间和25种粒子，还有规定这些元素的行为表现的方程式。因此，我的研究主题就是在空间和时间中运动的粒子，它们不时相撞，或形成合成物。不要认为这些粒子是小球：它们可不是小球，因为有量子力学管着（稍后详述）。最好把这些粒子想象成可以是任何形状的云朵。

在物理学的最底层，我们只处理无法再进一步分解的粒子，并称之为"基本粒子"。我们现在只知道，基本粒子没有更底层的结构。但基本粒子可以结合起来，组成原子、分子、蛋白质 —— 由此也产生了我们周围能看到的各种结构。组成你、我 [6] 以及宇宙间万物的，就是这25种粒子。

但这些粒子本身并没有多大意思。有意思的是粒子之间的关系，是决定粒子间相互作用的原则，是生成了宇宙并让我们得以存在的那些定律的结构体系。在我们的游戏中，我们关心的是规则，而不是零件。而我们学到的最重要的教训就是：大自然是由数学规则决定的。

数学制造

物理学中的理论是由数学构成的。我们运用数学不是因为我们想吓跑那些不熟悉微分几何或阶化李代数的人，而是因为我们是傻瓜。数学让我们保持诚实——让我们不至于自欺欺人。你的数学可能出错，但你没法撒谎。

我们作为理论物理学家的任务，就是发展数学方法，或用于描述现有观测结果，或用于作出预测，指导实验策略。在理论发展中运用数学，加强了逻辑上的严谨和内在的一致，能确保理论没有歧义，结论也可以重现。

数学在物理学中取得了巨大成功，因此这一质量标准如今被严格执行。今天我们建立的理论是一套套假设——数学关系或定义，以及将数学与现实世界中的可观测内容联系起来的阐释。

但并不是我们写下假设，然后用一系列定理和证明得出可观测结果就算是发展出理论了。在物理学中，理论几乎总是始于松松散散、东拼西凑的思想。打扫物理学家在发展理论时留下的烂摊子，找到一套干净利落的假设并能从中推导出整个理论，这项任务通常都留给了我们搞数学物理的同行 —— 这是数学的一个分支，不是物理学。 7

大多数时候物理学家和数学家都已经分工明确、各司其职，不过物理学家总会抱怨数学家过分讲究，数学家则会抱怨物理学家过于马虎。不过两方面都非常清楚，其中一个领域的进展也会推动另一个领域向前迈进。从概率论到混沌理论，再到以现代粒子物理为基础的量子场论，数学和物理一直齐头并进。

但物理学并不是数学。成功的理论除了要内在一致（不能出现自相矛盾的结论），还必须与观测结果一致（不能与数据不符）。我所在的物理学领域研究的是最基本的问题，对一致性有很严格的要求。现有的数据非常多，因此对新提出的理论根本不可能都进行所有必要的计算。也没必要做所有计算，因为有一条捷径：我们先证明，新理论与已经充分证实的旧理论在测量精度内是一致的，从而能够重现旧理论的成果。这样一来，我们就只需要加上用新理论解释更多数据所需的计算。

要证明新理论能重现成功的旧理论的全部成果非常困难。原因在于，新理论可能用的是完全不同的数学框架，跟旧理论用的数学框架看起来一点儿也不像。要想找到一种方法，来证明两种理论对已经做出的观测无论如何都会得出同样的预测，往往需要找到一个合适的办法来重新阐述新理论。如果新理论直接应用了旧理论的数学，那么要做到这一点很简单，但如果用的是全新的框架，那很可能就难上加难了。

　　比如说，爱因斯坦就花了多年时间来努力证明：他关于万有引力的新理论——广义相对论会重现其前身——牛顿引力理论的成功。问题并不在于他的理论出错了，而在于他并不知道在自己的理论中怎么才能把牛顿的重力势能找出来。爱因斯坦的数学全都是对的，但缺乏与现实世界的紧密关联。在好几次试错之后，他才找到证明这一点的正确方法。数学是对的并不能保证理论就也是对的。

8

　　我们在物理学中运用数学还有别的原因。除了让我们保持诚实，数学也是我们所知道的最经济、最清晰的术语体系。语言是任人打扮的小姑娘，其意义取决于上下文和阐释。但数学并不在意文化和历史。如果一千个人阅读同一本书，他们读到的会是一千本不同的书；但如果一千个人去读同一个公式，他们读到的就是同一个公式。

　　不过，我们在物理学中运用数学的主要原因是，我们可以这么做。

物理学的特权

　　尽管逻辑一致性始终是对科学理论的要求，但也并不是所有学科都适合数学建模。如果数据没那么严谨，那用严格的语言来解释数据也没什么意义。而在所有科学领域中，物理学研究的是最简单的系统，因此成了数学建模的理想对象。

在物理学中，研究主题十分容易重现。我们非常了解如何控制实验环境，也知道可以忽略哪些影响而不至于牺牲精度。实验结果很难重现的学科有心理学，因为没有哪两个人是一模一样的，而且也很少能确切地知道，是哪些人类的怪癖在起作用。但物理学就没有这样的问题。氦原子不会饿肚子，周一和周五的脾性也都会一样好。

这种精确是物理学能如此成功的原因，但同时也让物理学变得如此困难。对于不谙此道的人来说，那么多公式可能会显得高不可攀，但跟这些公式打交道其实只是教育和习惯问题而已。让物理学如此困难的并不是要理解数学。真正的困难是找到合用的数学。你可不能随便拿点儿看起来像数学的东西过来，就说这是个物理学理论。要求新理论有一致性 —— 既内在一致，也跟实验一致，跟所有实验都要一致，这才是物理学如此困难的原因。

9

理论物理是一门高度发展的学科。我们今天所用的理论经受过大量实验的检验。每当理论通过了另一项检验，要想对理论再做任何改进都会变得更加困难。新理论要顾及现有理论的所有成功之处，此外还得再好上那么一点。

　　只要物理学家是在发展理论好解释现有的或即将进行的实验，成功就意味着用最少的努力得到正确的数字。但我们的理论能描述的观测结果越多，就越难检验所提出的改进。从预测中微子到发现中微子花了25年，确认希格斯玻色子花了将近50年，直接探测到引力波则花了100年。现在，检验新的自然界基本定律要花的时间，可能会比一位科学家的整个职业生涯都还要长。这迫使理论学家不得不采用经验以外的标准，来决定追寻什么样的研究方向。审美诉求就是其中之一。

　　在我们寻找新想法的过程中，美扮演了诸多角色。美是指引，是奖赏，也是动力。美同样也是系统性的偏误。

看不见的朋友

　　搬运工已经搬走了我那些箱子，因为知道我不会待在这儿，大部分箱子我拆都没拆。空荡荡的橱柜里，回响着搬家的声音。我给德国亚琛的物理学教授迈克尔·克雷默（Michael Krämer）打了个电话，他是我朋友，也是同事。

　　迈克尔研究超对称理论，简称超对称。超对称理论预测了大量仍未发现的基本粒子，给每一种已经发现的粒子都配了一个小伙伴，此外还提出了几种别的粒子。在人们提出的新自然定律中，目前最受欢迎的就是超对称。我有成千上万名同事都把自己的职业生涯押在了超对称上，但直到现在，这些额外的粒子还一个都没被发现。

"我觉得我会开始致力于超对称研究是因为，我还在当学生的时候人们就在搞这个，那还是20世纪90年代中后期。"迈克 [10] 尔说。

超对称的数学与已经完整建立的理论所用的数学非常相似，标准的物理课程则为学生研究超对称做了很好的准备。迈克尔说："这个框架定义得很好，非常容易。"这是个上佳选择。迈克尔在2004年拿到了终身职位，如今领导着德国研究基金会资助的大型强子对撞机新物理研究小组。

"我也很喜欢对称。这让物理学对我来说充满了吸引力。"

我在前面提到过，在我们了解世界由什么组成的追寻中，已经发现了25种不同的基本粒子。超对称理论让这个集合变得更完整，加进去了一组尚未发现的伴侣粒子，每种已知粒子都有一个伴侣，还有几种是额外的。超对称理论的完备性非常吸引人，因为已知粒子分为两种不同类型，即费米子和玻色子 [分别以恩里科·费米（Enrico Fermi）和萨特延德拉·纳特·玻色（Satyendra Nath Boson）命名]，而超对称理论解释了这两种类型为何有共同的归属。

费米子极为特立独行。无论你怎么尝试，都不可能让两个费米子在同一个位置有同样的行为 —— 两者之间总会有些不同之处。但玻色子就没有这样的限制，很乐意彼此携手共舞。电子就是一种费米子，因此只能围绕原子核居于各自独立的电子层。

如果电子是玻色子，就可以一起待在同一个电子层，宇宙中也就没有化学这回事了；同样也不会有化学家，因为我们自身的存在就依赖于小小的费米子拒绝共享空间。

超对称理论假定，如果将玻色子和费米子交换，自然定律也还会保持不变。这就意味着每种已知玻色子一定有一种费米子伴侣，而每种已知费米子也都有一种玻色子伴侣。但除了跟各自伴侣的从属关系有所不同之外，这些伴侣粒子必须全都等同。

由于所有已知粒子都不符合要求，我们得出结论，这些已知粒子之间不存在超对称对。因此，必定有新的粒子等着我们去发现。这就好像我们有一堆零零散散的罐子和盖子，于是坚信肯定会有与这些相匹配的盖子和罐子就在什么地方。

但是，超对称理论的方程并没有告诉我们，这些超对称伴侣的质量是多少。因为产生更重的粒子需要更多能量，所以粒子的质量越大，就越难被发现。到目前为止我们只了解到，就算超级伴侣存在也必定非常重，我们的实验能量还不够高，产生不出来。

超对称理论有很多好处。除了揭示出玻色子和费米子是一体两面，还会有助于统一基本作用力，并有可能解释一些数值上的巧合。此外，有些超对称粒子刚好具备组成暗物质所需要的性质。后续章节我会告诉你们更多细节。

超对称理论与现有理论非常吻合，因此很多物理学家坚信，超对称必须是对的。费米国家加速器实验室物理学家丹·胡珀（Dan Hooper）写道："尽管有成百上千名物理学家投入了大量心血，做实验想要找到这些粒子，但还没有观测或探测到任何超级伴侣。"然而，"这对那些热切期望着自然界就是以超对称的方式形成的理论物理学家的影响微乎其微。这些科学家里面有很多人，就是觉得超对称理论背后的思想太完美、太优雅，不可能不是我们宇宙的一部分。这些想法解决了那么多问题，跟我们这个世界的契合也是那么自然而然。对这些真正的信徒来说，超级伴侣粒子就是必须存在。"[1]

胡珀强调了这一信念的力量，他不是一个人。英国物理学家杰夫·福肖（Jeff Forshaw）指出："对很多理论物理学家来说，很难相信会有什么地方，超对称理论会不起作用。"[2] 在2014年《科学美国人》的一篇题为《超对称理论与物理学的危机》的文章中，粒子物理学家玛丽亚·斯皮罗普录（Maria Spiropulu）和约瑟夫·莱肯（Joseph Lykken）提出了他们的期望，即认为证据最后一定会出现，并断言："如果说世界上绝大部分粒子物理学家都相信超对称理论**必须**成立，恐怕也并非夸大其词。"[3]

有一种与玻色子和费米子有关的对称，长期以来人们都认

1. Hooper D. 2008. *Nature's blueprint.* New York: Harper Collins.
2. Forshaw J. 2012. *Supersymmetry: is it really too good not to be true?* Guardian, December 9, 2012.
3. Lykken J, Spiropulu M. 2014. *Supersymmetry and the crisis in physics.* Scientific American, May 1, 2014.

为不可能成立，因为似乎有数学证据为其反证，但这反而增加了超对称的吸引力[1]。但是，没有证据好过一切假设。结果表明，如果该证据的假设条件可以放宽松点，超对称理论就会成为可能适应现有理论的最大的对称性[2]。大自然怎么可能不去运用这么美丽的思想呢？

迈克尔回忆道："对我来说，超对称最美的一面始终是，这是那种最终极的对称性。我觉得这很有吸引力。在了解到这个例外之后我觉得'哦，好有意思呀'，因为对我来说，这个想法——把对称性强加进去，就能得到正确的自然定律，就算你并不理解究竟为什么会这样——似乎是个非常强大的原则。因此在我看来，对称性值得追求。"

20世纪90年代晚期，我还在学校念书的时候，最简单的超对称模型已经与数据有了矛盾，人们已经开始设计更复杂但仍然有望成功的模型[3]。对我来说，这个领域如果没有首先检测到预测中的粒子，似乎就说不出来什么新鲜事儿。在检测到新粒子之前，我决定先离超对称远点。

1. 这里说的是Coleman-Mandula定理。Coleman S, Mandula J. 1967. *All possible symmetries of the S matrix.*Phys. Rev. 159:1251.
2. Haag R, Łopuszan'ski J, Sohnius M. 1975. *All possible generators of supersymmetries of the S-matrix.* Nucl. Phys. B. 88:257. 该假设还可以进一步放宽，但似乎不会得到任何物理上有趣的结果。参见 e.g., Lykken J. 1996. *Introduction to supersymmetry.* FERMILAB-PUB-96/445-T. arXiv: hep-th/9612114.
3. 例如对味变中性流和电偶极矩的限制，参见 e.g., Cohen AG, Kaplan DB, Nelson AE. 1996. *The more minimal supersymmetric standard model.* Phys. Lett. B. 388: 588–598. arXiv:hep-ph/9607394.

但一直没有检测到新粒子。大型正负电子对撞机（LEP）一直运行到2000年，都没有发现任何超对称的证据。正负质子对撞机（Tevatron）达到的能量比LEP高得多，并一直运行到了2011年，但同样一无所获。大型强子对撞机则重新利用了正负电子对撞机的轨道，也达到了更高的能量层级，从2008年以来一直在运行，但超对称仍然缘悭一面。

然而我仍然在担心，担心没有投身这一领域是不是犯了个大错，毕竟有那么多同行都曾认为，如今也仍然认为，还是有很 13 大希望。

多年来，人们一直认为大型强子对撞机必定会出点什么新东西，因为如若不然，那么根据吉安·弗朗切斯科·朱迪切等人提出的标准，现有的对粒子物理的最佳描述 —— 标准模型 —— 就不自然了。这些用来检验某个理论是否合乎自然的数学规则是基于这样的信念：如果哪个理论里有特别大或者特别小的数字，那这个理论就谈不上漂亮。

在本书剩下的部分中我们要探讨的，就是这一信念是否合理。现在我们就说这个信念非常普遍就够了。在2008年的一篇文章中，朱迪切解释道："自然性这一概念 …… 是通过学术群体的'集体活动'形成的，他们日益强调其与标准模型外的物理学存在的关系。"[1] 而他们越是研究自然性，就越是会坚信，要避免

---

1. Giudice GF. 2008. *Naturally speaking: the naturalness criterion and physics at the LHC.* arXiv: 0801.2562 [hep-ph].

丑陋不堪的数字巧合，就必须尽快有新的发现。

迈克尔说："事后来看，人们对这种自然性的观点，重视得让人吃惊。回头去看，人们只是重复着同一个观点，一遍又一遍，但对这个观点从未真正反思。同样的话，他们说了十年。更加让人吃惊的是，模型构建中很大程度上都是以这个观点为主要依据的。回过头来看，我觉得这挺奇怪。我仍然觉得自然很迷人，但我不再相信自然性会指向LHC的新物理学。"

LHC的第一次运行结束于2013年2月，之后关闭，以进行升级。第二次运行始于2015年4月，能量更高。现在是2015年10月，在未来的几个月，我们预计将看到第二次运行的初步结果。

迈克尔说："你应该跟阿尔卡尼－哈米德（Nima Arkani-Hamed）聊聊。他赞成自然性标准，是个很有意思的人。他真的挺有影响力，尤其是在美国——很神奇的。他会在某个领域钻研一段时间，收获一些追随者，然后下一年又转身研究另一个领域。十年前他致力于这个自然超对称的模型，谈论起来也总是能让人心悦诚服，于是人人都开始研究这个模型了。但两年之后他就写了这篇关于非自然超对称的文章！"

20世纪90年代末，尼玛·阿尔卡尼－哈米德就已经声名鹊起，那时候他跟萨瓦斯·季莫普洛斯（Savas Dimopoulos）和格奥尔基·德瓦利（Gia Dvali）共同提出，我们的宇宙也许还有更 14

多维度，这些维度蜷曲在极小的半径中，但仍能用粒子加速器来验证[1]。存在额外维度的想法并不新鲜，最早可以追溯到20世纪20年代[2]。阿尔卡尼－哈米德及其合作者的天才之处在于，指出这些维度仍然很大，因此应该很快就可以验证了；他们这个说法鼓舞了成千上万的物理学家去埋头计算，并披露更多细节。至于说为什么LHC应该能揭示额外维度，论据就是自然性。文中指出："自然性要求，向额外维度的迁移不可能在能量上超越TeV（特电子伏特）尺度太远[3]。"这是他们第一篇谈到新模型的文章，如今他们提出的这个模型被称为"大额外维度模型"（ADD）。截至目前，这篇文章被引用了5000多次，是物理学领域被引用次数最多的论文之一。

　　2002年，我自选的博士论文主题是20世纪20年代额外维度理论的一个变化版本，这个题目困住了我。这时我的导师劝我说，最好转而研究其现代版本。于是我也写了一些关于在LHC上检验额外维度的论文。但LHC上未曾见到任何关于额外维度的证据。我开始觉得来自自然性的观点很成问题。尼玛·阿尔卡尼－哈米德如今是普林斯顿高等研究院的物理学教授，也已经从大额外维度模型又转向了超对称理论。

---

1. Arkani-Hamed N, Dimopoulos S, Dvali G. 1998. *The hierarchy problem and new dimensions at a millimeter*. Phys. Lett. B. 429：263－272. arXiv:hep-ph/9803315.
2. 甚至更早，追溯到1905年的诺德斯特罗姆（Nordström），尽管通常都被认为是卡鲁扎（Kaluza）和克莱因（Klein）的贡献，因为诺德斯特罗姆并未研究过广义相对论，当时也还没有人知道广义相对论。
3. 缩写eV表示"电子伏特"，为能量单位，T表示10^{12}，即一万亿。LHC最高可产生14 TeV左右的能量，因此可以称之为"检验TeV量级"。

我在心里边记下要找尼玛谈谈。

迈克尔告诉我："当然，他远比我难以相约。我觉得他不会轻易回电子邮件的。他可是在推动美国整个粒子物理学的发展。他还有个看法就是，我们得有个 100 TeV 的对撞机来检验自然性。现在说不定中国人会给他建这么个对撞机吧 —— 谁知道呢！"

现在越来越明显的一点就是，LHC 不会带来证据，证明人们所期待的更美丽的自然规律，因此粒子物理学家再次把希望15 转移到下一台更大的对撞机上。尼玛极力倡导在中国建造新的环形粒子加速器，其影响甚巨。

但无论在更高的能量层级可能会有什么别的发现，LHC 目前还是未能找到任何一种新的基本粒子。这就意味着，按照物理学家的标准，正确的理论不自然。我们确实把自己弄进了自相矛盾的境地：根据我们自己对美的要求，自然本身成了不自然的。

"我担心吗？我也不知道。我很困惑。"迈克尔说，"我真的很困惑。在 LHC 之前，我觉得肯定有什么事情要发生。但现在呢？我困惑得很。"听起来似曾相识。

本章提要

- 物理学家运用了大量数学工具，并为其运行如此良好而沾沾自喜。
- 物理学不是数学，理论发展也需要数据来指引。
- 在物理学的某些领域，已经数十年没有新的观测数据出现。
- 缺少来自实验的指导，理论学家转而利用起审美标准。
- 审美标准难以奏效时，理论学家困惑不已。　　16

第 2 章
好个奇妙世界

> 我读了好多关于作古之人的书，发现他们全都喜
> 欢漂亮的想法，但漂亮的想法有时候并不奏效。在一
> 次会议上，我开始担心物理学家将抛弃科学方法。

我们来自何方

我上学的时候很讨厌历史，但那时候我也已经认识到，引用作古之人的话来支持我的观点很有用。我都懒得假装要跟你们描述一下美在科学史上扮演了什么角色，因为我对未来比对过往更感兴趣，也因为其他人已经描述过这一情形[1]。但如果我们想看看物理学发生了什么变化，那还是得先说说以前物理学是什么样子的。

一直到 19 世纪末，科学家将自然之美视为神性象征都还是

---

1. Chandrasekhar S. 1990. *Truth and beauty: aesthetics and motivations in science.* Chicago: University of Chicago Press; Orrell D. 2012. *Truth or beauty: science and the quest for order.* New Haven, CT: Yale University Press; Steward I. 2008. *Why beauty is truth: a history of symmetry.* New York: Basic Books; Kragh H. 2011. *Higher speculations.* Oxford, UK: Oxford University Press; McAllister JW. 1996. *Beauty and revolution in science.* Ithaca, NY: Cornell University Press.

非常普遍的。科学家所寻求（并找到）的解释以前属于教会的地盘，他们找到的自然定律显露出莫可名状的和谐，令宗教相信科学不会给超自然力量带来任何危险。

19、20世纪之交，科学从宗教中分离出来，变得更加专业化了，从事科学的人也不再将自然定律中的美归因于神的影响。他们对支配宇宙的定律中的和谐惊叹不已，但又让对这种 17 和谐的解释悬而未决，至少也会把他们的宗教信念标记为个人观点。

到了20世纪，审美诉求从科学理论的加分项演变成了建构科学理论的指南，直到最后，审美原则变成了数学要求。今天我们不再反省来自美的争论——美的非科学起源已经"迷失在数学中"。

最早将自然定律量化的人中间有一位德国数学家、天文学家，叫约翰尼斯·开普勒（Johannes Kepler，1571—1630年），他的宗教信仰对其工作有强烈影响。开普勒为太阳系建立了一个模型，其中当时已知的行星——水星、金星、地球、火星、木星和土星——都以圆形轨道绕太阳旋转。这些行星的轨道半径由正多面体（柏拉图立体）彼此嵌套起来决定，由此得出的行星之间的距离与观测结果非常吻合。这个想法很漂亮。开普勒认为："造物者如此完美，其作品也绝对、必须是最美的。"

借助详细描述行星确切位置的表格，开普勒后来说服自己，他的模型错了。他得出结论，行星是以椭圆轨道围绕太阳运动，而不是圆。他的新想法马上遭到围攻，因为他没能达到那个时代的审美标准。

在他的批评者当中，尤其激烈的一位叫伽利略（Galileo Galilei，1564 — 1642年），他相信："只有圆周运动才自然而然地适用于以最佳排列组成宇宙的天体，对宇宙来说，这些天体都是不可或缺的一部分。"[1] 还有一位天文学家大卫·法布里奇乌斯（David Fabricius，1564 — 1617年）则抱怨："有了你这些椭圆，你就把运动中圆的特性和均一的特性全都废弃了。我想得越多，就越觉得这真是大谬不然。"法布里奇乌斯和当时的很多人一样，宁愿通过添加"本轮"来修正行星轨道，这是更小的圆周运动，环绕着已有的圆形轨道。法布里奇乌斯在给开普勒的信中写道："如果你能留着完美的圆形轨道，用另一个小小的本轮来替你的椭圆轨道辩护，就会好得多。"[2]

但开普勒是对的。行星确实是以椭圆轨道围绕太阳运动。

在证据面前开普勒不得不放弃了完美的正多面体模型，但晚年他又开始相信，行星会在自己的轨道上演奏音乐。在1619年出版的《世界的和谐》一书中，他推导了各行星的声调，下结论说"地球唱的是咪–发–咪"。这可算不上他的最佳成果。但

---

1. Galileo G. 1967. *Dialogue concerning the two chief world systems, Ptolemaic and Copernican.* 2nd ed. Berkeley: University of California Press.
2. 转引自McAllister JW. 1996. *Beauty and revolution in science.* Ithaca, NY: Cornell University Press, p. 178.

开普勒对行星轨道的分析为后来艾萨克·牛顿（Isaac Newton，1643—1727年）的研究奠定了基础，而牛顿是最早严格运用数学的科学家。

牛顿相信神是存在的，因为他能从自然界遵循的定律中看到神的影响。他在1726年写道："太阳、行星和彗星的这个最美丽的系统，只能出自一个智慧存在的建议和控制。新发现的每一个真理，每一个实验或定理，都是上帝之美的新镜子。"[1] 从一开始，人们就在对牛顿的运动定律和万有引力定律全面革新，但一直到今天，这些定律都仍然是有效近似。

牛顿和他那些同时代的人一点儿都不觉得把宗教和科学结合起来会有问题——那时候的人们广泛认可这种操作。其中最包揽一切的可能要算戈特弗里德·莱布尼茨（Gottfried Wilhelm Leibniz，1646—1716年），他跟牛顿几乎同时各自独立发明了微积分。莱布尼茨相信，我们所栖居的世界是"所有可能的世界中最好的一个"，而且所有已经存在的恶都是必需的。他指出，这个世界的缺点都是"因为我们对宇宙的整体和谐以及上帝的行为背后隐藏的原因知之甚少"[2]。也就是说，按照莱布尼茨的说法，恶之为恶，是因为我们不理解什么是美。

尽管哲学家和神学家都很喜欢就莱布尼茨的观点展开辩论，

1. Newton I. 1729. *The general scholium*. Motte A, trans. https://isaac-newton.org/general-scholium.
2. Leibniz G. 1686. *Discourse on metaphysics*. Montgomery GR, trans. In: *Leibniz* (1902). La Salle, IL: Open Court.

但如果不去定义什么是"最好",那就毫无意义。但我们的宇宙在某种意义上最为理想这一基本观点,在科学中找到了立足之处,几个世纪以来也一直浓墨重彩。一旦用数学形式表述出来,这个思想就变成了巨人,所有的现代物理学理论都可以站在它肩上[1]。当代的物理学理论都要求系统以"最好"的方式运行,彼此之间的区别仅仅在于是以什么方式提出这一要求。比如爱因斯坦的广义相对论,可以通过要求时空曲率尽可能小推导出来;其他相互作用也存在类似方法。尽管如此,今天的物理学家还是在努力寻找一个包罗万象的原则,按照这个原则,我们的宇宙是"最好的"——这个问题稍后我们还将继续讨论。

我们是怎么来到这里的

几个世纪过去了,数学变得越来越强大。在这过程中,物理学对上帝的引用逐渐消失了,或是跟自然定律本身结合起来。19世纪末的马克斯·普朗克(Max Planck,1858—1947年)相信:"上帝的神圣难以理解,但可以通过符号的神圣表达出来。"随着20世纪的到来,美逐渐演变为理论物理学家的指导原则,这一转变也随着标准模型的发展而越来越稳固。

德国数学家赫尔曼·外尔(Hermann Weyl,1885—1955年)为物理学做出了重要贡献。尽管他的方法不那么科学,但

---

1. 即所谓的"最小作用量原理"。

他并不觉得需要抱愧："我的工作始终是在试着把真和美结合起来；但如果我不得不择其一，我一般都会选择美。"[1] 英国天体物理学家爱德华·亚瑟·米尔恩（Edward Arthur Milne，1896—1950年）对广义相对论的发展有重要影响，他认为："美是通往知识的道路，或者更应该说，美是唯一值得拥有的知识。"1922年，在剑桥大学自然科学俱乐部的一次演讲中，他抱怨丑陋的研究过于泛滥：

> 你只需要回头去看看科学期刊上以前的那些文章，比如说回头看50年，就能看到几十篇对科学知识的拓展从未起过丝毫作用，也永远不可能有帮助的文章，这些文章都只能说是科学大树的树干上长的蘑菇，而且也都跟蘑菇一样，就算扫除干净了也还是会一再卷土重来。……【但如果哪篇文章】唤醒了我们心中那些跟美有关的情感，那就不需要做什么进一步论证了；那不是蘑菇，而是花朵；那是科学的终点，是科学终于达到其最终目标，是这一系列探索的最终结果。只有丑陋的文章才需要证明其合理性。[2]

保罗·狄拉克（Paul Dirac，1902—1984年）是诺贝尔奖得主，还有个方程是以他命名的。他在这条道路上走得更远，也说得十分明白："研究工作者在尝试用数学形式表达基本的自然定

20

1. 弗里曼·戴森（Freeman Dyson）在外尔的讣告中引用。*Nature*, March 10, 1956.
2. Rebsdorf S, Kragh H. 2002. *Edward Arthur Milne—the relations of mathematics to science.* Studies in History and Philosophy of Modern Physics 33:51-64.

律时，应当主要去努力追求数学之美。"[1] 还有一次被问到要如何总结自己的物理学哲学时，狄拉克在黑板上写道："**物理定律应具备数学之美**。"[2] 丹麦历史学家赫尔奇·克拉夫（Helge Kragh）在其所著狄拉克传记中，通过观察得出结论："1935年之后，（狄拉克）几乎就再没得到过有持久价值的物理学成就。我想指出，数学之美的原则支配了他晚年的思想，与此似乎不无关系。"[3]

爱因斯坦真的用不着介绍一番。他把自己弄进了这么一种状态：相信仅凭思想就能揭示自然定律。他说："我很确信，我们可以通过纯粹数学结构的方法，发现彼此关联的概念和定律，而这些概念和定律是理解自然现象的关键。…… 因此在某种意义上，我也认为纯靠思想就能理解现实，就跟古人的梦想一模一样。"[4] 公平起见，我得说他在别的地方也强调过观测的重要性。

朱尔斯·亨利·庞加莱（Jules Henri Poincaré）对数学和物理学两个领域都有诸多贡献，也许最著名的贡献是发现了确定性混沌。在该理论中，庞加莱赞扬了美的实际功用："由此我们

---

1. 转引自Kragh H. 1990. *Dirac: a scientific biography*. Cambridge, UK: Cambridge University Press, p. 277.（本书中译本《狄拉克：科学和人生》已由湖南科学技术出版社出版。——译者注）

2. Dalitz RH. 1987. *A biographical sketch of the life of Professor P. A. M. Dirac, OM, FRS*. In: Taylor JG, Hilger A, editors. *Tributes to Paul Dirac*. Bristol, UK: Adam Hilger, p. 20. 转引自McAllister JW. 1996. *Beauty and revolution in science*. Ithaca, NY: Cornell University Press, p. 16.

3. Kragh H. 1990. *Dirac: a scientific biography*. Cambridge, UK: Cambridge University Press, p. 292.

4. Einstein A. 2009. *Einstein's essays in science*. Harris A, trans. Mineola, NY: Dover Publications, pp. 17–18.

看到，关注美和关注实用引导我们做出了相同的选择。"[1] 庞加莱认为，"节约思想"[Denkökonomie —— 这是恩斯特·马赫（Ernst Mach）造的一个词] 是"美的源泉，也是实用的有利条件"。他提出，人类的美感"起到了精筛细选的作用"，帮助研究人员发展出优秀理论，"这种和谐既能立即满足我们的审美要求，也能帮助支持和引导心智。"[2]

维尔纳·海森伯（Werner Heisenberg）是量子力学的奠基人，他旗帜鲜明地认为，美掌握着真理："如果自然把我们引导到极简单、极美丽的数学形式，我们就没法不去想，这就是'真理'，这样的形式揭示了自然的真实特征。"[3] 他妻子回忆道：

> 一个月色如水的夜晚，我们走在海恩伯格山上，他完全被自己的想象迷住了，试图跟我解释他的最新发现。他谈到对称的奇妙之处，说那是创造的最原始模型，谈到和谐，谈到简洁之美，也谈到其中内在的真实。[4]

可得小心跟理论物理学家在月光下漫步 —— 有时候热情会

1. Poincaré H. 2001. *The value of science: the essential writings of Henri Poincaré*. Gould SJ, editor. New York: Modern Library, p. 369.
2. Poincaré H. 2001. *The value of science: the essential writings of Henri Poincaré*. Gould SJ, editor. New York: Modern Library, pp. 396 – 398.
3. 海森伯致爱因斯坦，见 Heisenberg W. 1971.*Physics and beyond: encounters and conversations*. New York: HarperCollins, p. 68.
4. Heisenberg E. 1984. *Inner exile: recollections of a life with Werner Heisenberg*. Boston: Birkhäuser, p. 143.

让我们无法自已。

我们由什么组成

20世纪80年代，也就是我十来岁的时候，并没有多少讲当代理论物理学的科普书，苍天呐，当然也没有多少讲数学的。作古之人的传记倒是值得一看。在图书馆里翻阅那些书时，我脑海里浮现出自己成了理论物理学家的形象：坐在皮沙发上抽着烟斗，漫不经心地捋着髭须，思考着大问题。这形象中似乎哪里有些不对。但数学加上思考就能解码自然，这个想法给我留下了深刻印象。如果这门技术学得来，那我就想学。

80年代，讲到现代物理学的科普书屈指可数，其中有一本是美籍华裔物理学家徐一鸿（Anthony Zee）的《可怕的对称》[1]。徐一鸿从那时候到现在一直是加州大学圣芭芭拉分校的物理学教授，他在书中写道："我和同事们都是阿尔伯特·爱因斯坦知识上的后裔；我们喜欢认为，我们都在追寻美。"他也解释了这个过程："物理学家在这个世纪变得越来越雄心万丈。…… 他们不再满足于解释这个那个现象，而是变得全身心都在相信，大自然的底层设计美丽而简洁。"

他们不只是变得"全身心都在相信"美，而且发现了用数学形式表达这种信念的方法。徐一鸿写道："物理学家发展了对称

---

1. Zee A. 1986. *Fearful symmetry: the search for beauty in modern physics.* New York: Macmillan.

的概念，将其作为评判自然设计的客观标准。如果有两种理论，物理学家一般都会觉得更对称的那个理论更漂亮。如果发表看法的人是物理学家，那么美就**意味着**对称。"

对物理学家来说，对称性堪称组织原则，可以避免不必要的重复。任何形式的规律、相似性和秩序，都可以用数学方法刻画出来，并视为对称性的表露。存在对称也总是意味着存在冗余，也表示允许简化。因此，对称性以少胜多。

比如说，我可以不用告诉你今天的天空在西边、东边、南边、北边、西南边等看起来都是蓝色的，我可以只是说，天空在所有方向上都是蓝色的。与方向无关就是一种旋转对称，只需要说系统在某个方向看起来如何，并继之以说所有其他方向也都一样，就足以说明系统是什么状况了。好处就是用词更少，对我们的理论来说的话，就是用到的方程可以更少。

这只是个很简单的例子，物理学家处理的对称性则是更抽象的版本，比如在数学空间内部绕多个轴的旋转。但起作用的方式始终是一样的：找到一种变换，如果在这种变换操作下，自然定律保持不变，那么你就发现了一种对称性。这种对称性变换可以是任何形式，只要你能明确写下操作过程 —— 平移，旋转，翻转，或任何你想得出来的其他操作。如果这个操作不会让自然定律变得有所不同，你就找到了对称。有了对称，你就不用费心去解释这一操作带来的变化，你可以直接声明，没有任何 23 变化。这就是马赫所谓的"节约思想"。

在物理学中我们会用到很多不同类型的对称性，但这些对称性都有一个共同点：都是很有效的统一原则，因为都能解释那些看起来本来非常不同的事物实际上有相同的归属，可以通过对称性变换彼此关联。然而，找到正确的对称性来简化大量数据通常都并非易事。

对称性原理最惊人的成功也许要算夸克模型的发展。粒子对撞机在20世纪30年代出现，从那时候起，物理学家一直在以越来越高的能量将粒子撞在一起。40年代中期他们达到了可以探测原子核结构的能量级别，粒子数量也就开始爆发了。首先出现的是带电的 π 介子和 K 介子，接着是中性 π 介子和中性 K 介子，第一个 Δ 共振，一个被称为 Λ 的粒子，带电的 Σ 粒子，P 粒子，Ω 粒子，H 粒子，K* 介子，φ 介子 —— 这还仅仅只是开始。美国物理学家利昂·莱德曼（Leon Lederman）曾经问恩里科·费米对最近刚发现的一种叫作 K_2^0 的粒子有什么想法，费米答道："这位同学，我要是能记住这些粒子的名字，我肯定早就去当植物学家了。"[1]

物理学家一共探测到了数百种粒子，全都很不稳定，很快就会衰变。这些粒子彼此似乎并没有表现出有任何关系，跟物理学家的希望大相径庭：他们本来指望，自然定律对更基本的物质组成来说会变得更简单。到20世纪60年代，将这个"粒子大观园"纳入一个综合理论已经成为主要研究工作。

---

1. Lederman L. 2006. *The God particle*. Boston: Mariner Books, p. 15.

当时最流行的方法之一就是不要试图解释，而是将粒子特性都放进一张大表中——叫作散射矩阵或S矩阵，这跟美丽和节约完全背道而驰。然后，默里·盖尔曼（Murray Gell-Mann）出现了。他分辨出了这些粒子的正确性质，称之为超荷和同位旋；结果表明，所有粒子都可以通过被称为多重态的对称模式 24 来分门别类。

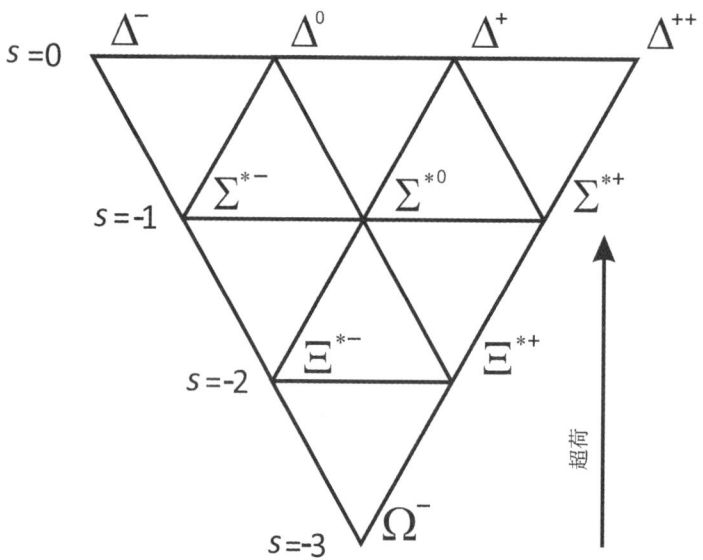

图1　重子解耦是在理论物理中应用对称性的一个例子。盖尔曼认识到这个退耦并不完整，于是预测了 Ω^- 粒子，即上图底部的粒子。

后来人们发现，多重态规律意味着我们观测到的粒子是由更小的实体组成的，这些实体从未单独检测到，原因当时还不清楚。盖尔曼管这些更小的组分叫作"夸克"[1]。较轻的合成物叫

---

1. 夸克模型几乎同时也为乔治·茨威格（George Zweig）独立发现。

作介子，由两个夸克组成；而较重的合成物叫作重子，由三个夸克组成。（所有的介子都不稳定。重子包括中子和质子，中子和质子则构成了原子核。）

结果中表现出的对称性一旦揭示出来就一目了然了（参见图1）。非同寻常的是，盖尔曼提出这个想法时，有些多重态还并不完整。因此对称性方面的要求促使他预测了填充这一模式必需的粒子，特别是有种叫作 Ω^- 的介子。后来人们发现了这种介子，其特性刚好跟盖尔曼的计算相吻合，他也因此获得了1969年的诺贝尔物理学奖。美丽战胜了丑陋的后现代的S矩阵方法。

这起事件只是对称性所取得的一系列成功的开始。对称性原理同样指引了电磁作用力和弱相互作用的发展，最终使两者统一为电弱相互作用。强相互作用同样可以用基本粒子之间的对称性来解释。现在看来，爱因斯坦的狭义和广义相对论也可以理解为对称性的要求。

因此，对美的指南作用的现代理念是以美在标准模型和广义相对论的发展中的作用为基础的；这种作用通常都被合理化为一种经验价值：我们注意到美很有作用，只有继续利用才算是明智之举。盖尔曼自己就曾说过："在基础物理学中，又美丽又简洁的理论比一点儿都不简洁的理论更有可能是对的。"[1] 莱德曼，

---

1. 盖尔曼于2007年3月录制的TED演讲。www.ted.com/talks/murray_gell_mann_on_beauty_and_truth_in_physics.我引用的版本是写在他幻灯片上的。他所说的是："在基础物理的这一领域，我们有这么一个非凡的经验，就是在选择正确的理论时，美是极为成功的标准。"

问过费米 K_2^0 粒子的那位同学，后来也荣获了诺贝尔奖，他同样也皈依了拜美神教："我们相信，对大自然的最佳描述来自极简、极美、极紧凑又极普适的方程。"[1]

美国物理学家史蒂文·温伯格（Steven Weinberg）因统一电磁作用力和弱相互作用而荣获诺贝尔奖。他喜欢用相马来打比方："相马的人看着一匹马，说'这匹马好美呀'。尽管这位相马的人可能只是在表达一种单纯的美感，我觉得除此之外还有好多因素。相马的人见过很多马，因为有相马的经验，他知道这就是千里马。"[2]

但是，相马经验无助于造一台赛车，20世纪的理论中的经验或许也不会对构思更好的理论有多大帮助，道理是一样的。而没有从经验出发的证明，美仍和以前一样是主观的。美感与科学方法明显抵触，今天的物理学家也充分认识到了这一点；但运用审美标准仍然成了大受欢迎的做法。一个学科领域越是 26 远离实验验证，该学科的理论的审美诉求就越显得重要。

在仍能称其为科学的情况下，基础物理学是离实验验证最远的科学领域。在这个领域，审美判断的影响尤其深远。我的同行中甚至都没几个想否认，他们对自己看来更漂亮的理论也更为关注。他们对主观评判的典型警告难免会跟着一个"但是"，

1. Lederman L. 2007. *The God particle et al. Nature* 448 : 310 – 312.
2. Weinberg S. 2003. *Interview with Nova (PBS)*, conducted by Joe McMaster. www.pbs.org/ wgbh/nova/elegant/view-weinberg.html.

接着再引用一番常见操作。

　　比如美国理论物理学家弗兰克·维尔切克（Frank Wilczek），因为强相互作用方面的研究跟戴维·格罗斯（David Gross）和休·戴维·波利策（Hugh David Politzer）一起获得了 2004 年诺贝尔物理学奖。他在《美丽之问：宇宙万物的大设计》中写道："我们对美的基本感觉并没有以任何直接的方式去适应大自然的基本工作原理。"但是，"在世界的心中品尝过美丽之后，我们如饥似渴，还在希求更多。在这追求中，我想，没有比美丽本身更有希望的引导了。"[1]

　　荷兰理论物理学家杰拉德·特·胡夫特（Gerard 't Hooft）为自然性首创了一个数学标准，如今粒子物理学领域有大量理论研究都受到这一标准的推动（他也得了诺贝尔奖）。他警告说："美是一个危险的概念，因为总是会误导人。如果你的理论比你一开始想到的更美，那就表明你有可能是对的。但这完全谈不上板上钉钉。在你看来这个理论可能很美丽，但也有可能就是错的。对此你无能为力。"但是，"当然，如果我们读到什么新的理论，发现这些理论又漂亮又简单，那这些理论肯定会有很大优势。我们相信，这样的理论成功的机会要大得多。"[2]

---

1. Wilczek F. 2015. *A beautiful question: finding nature's deep design.* New York: Penguin Press, p. 9.（本书中译本《美丽之问》已由湖南科学技术出版社出版。——译者注）
2. 作者对其本人的采访。

美国超弦理论家布赖恩·格林（Brian Greene，他还没得诺贝尔奖）在其畅销书《宇宙的琴弦》中向读者保证："审美判断不会裁决科学论断。"他接着说道："但理论物理学家做出的有些决定，确实是以美感为基础的——这种美感使理论与我们所经历的这个世界有了同样优雅而美丽的结构。……直到现在，这种方法都提供了有力量、有见地的指引。"[1]

27

抽象的数学很难表达，而人类对美的这种追求，我们可以看成是科普书的营销手段而弃之不顾。但科普书能做到的可不只是让一门很难的学科变得平易近人，这些著作也揭示了，理论物理学家如何思考，如何工作。

美哪里不靠谱

对那些如今即将退出江湖的研究人员来说，20世纪的成就仍然记忆犹新，他们对美的重视也对下一代产生了极大影响——也就是我们这一代，尚未成功仍需努力的这一代人。我们用的过去的审美思想如今已经定型：对称、统一和自然。

似乎唯一合情合理的做法就是，从过去的经验中吸取教训，试试看以前有什么是有效的。确实，我们要是不想听取前人的建议，那也太蠢了。但如果我们深陷前人的建议中不能自拔，那

---

1. Greene B. 1999. *The elegant universe: superstrings, hidden dimensions, and the quest for the ultimate theory*. New York: WW Norton, p. 167.（本书中译本《宇宙的琴弦》已由湖南科学技术出版社出版。——译者注）

也同样愚不可及。我对一个个无效结果越来越警惕。美是一个变幻莫测的向导，以前就已经多次让物理学家误入歧途。

在 1958 年写给大姨子伊迪丝（Edith Kuby）的信中[1]，海森伯写道：

> 这些相互关系，全部以抽象的数学形式，表现出难以置信的简洁，这是一份礼物，我们唯有谦敬受之。就连柏拉图都不可能想得到会有这么美丽。这些相互关系不可能是被发明出来的，因此必定是自从世界诞生，就一直在那里。

但海森伯在这里提到的美妙的相互关系，并不是他自己的量子力学理论。实际上，他生命中的这个时期正在试图创建统一理论，但后来失败了。如今他的这番努力，顶多不过是历史书中的小小脚注罢了。

但如果我们审视海森伯那些成功了的想法，就会发现他的科学成就并没有被视为美的奇迹。跟他同时代的埃尔温·薛定谔（Erwin Schrödinger）就曾评论道："我当然知道海森伯的理论，但我对在我看来很难的超验的代数方法，以及没办法把这

---

1. Heisenberg E. 1984. *Inner exile: recollections of a life with Werner Heisenberg.* Boston: Birkhäuser, p. 144.（原文误将伊迪丝当作海森伯的姐妹，但实际上伊迪丝是海森伯妻子伊丽莎白（Elisabeth）的姐姐。—— 译者注）

个理论形象化，即便不说厌恶，也觉得很灰心丧气。"[1]

海森伯对薛定谔的想法也没有友好到哪儿去。在写给沃夫冈·泡利（Wolfgang Pauli）的一封信中，海森伯写道："我思考着薛定谔的理论中的物理学成分，想得越多，就越觉得反感。薛定谔写的把自己的理论形象化的那些东西……我觉得都是垃圾。"[2] 结果呢，海森伯和薛定谔的方法，被证明都从属于同一理论。

量子力学的到来并不是美的原则在物理学中的唯一一次失败。前面我们说到过的开普勒用来计算行星轨道的柏拉图多面体，可能是审美理想与现实之间发生冲突的最有名的例子。更切近的例子可以追溯到20世纪前半叶，是宇宙的稳态模型。

1927年，比利时的天主教神父乔治·勒梅特（Georges Lemaître）找到了广义相对论方程的一个解，并据此提出像我们这样的充满了物质的宇宙在膨胀。他的结论是，这个宇宙必定有个开始，也就是"大爆炸"。爱因斯坦第一次见到这个解的时候，跟勒梅特说，他觉得这个想法"糟透了"[3]。他没有接受这个解，而是在他的方程中额外引入了一个条件——宇宙学常数——来迫使宇宙保持静止状态。

---

1. Schrödinger E. 1926. *Über das Verhältnis der Heisenberg-Bohr-Jordanschen Quantentheorie zu der meinen*. Ann Physik 4 (7): 734 – 756.

2. Pauli W. 1979. *Wissenschaftlicher Briefwechsel mit Bohr, Einstein, Heisenberg u.a.: Band 1: 1919-1929*. In: Hermann A, v. Meyenn K, Weisskopf VF, editors. *Sources in the History of Mathematics and Physical Sciences*. New York: Springer, p. 262.

3. Lemaître G. 1958. *Rencontres avec A. Einstein. Revue des Questions Scientifiques* 129: 129 – 132. 下列文献亦有提及：Nussbaumer H. 2014. *Einstein's conversion from his static to an expanding universe*. EPJH 39: 37 – 62.

但到了1930年，在组织广义相对论的第一次实验验证时起到了重要作用的亚瑟·爱丁顿（Arthur Eddington）证明，爱因斯坦的解加上宇宙学常数还是不稳定：物质分布上就算是最细微的扰动都会让宇宙坍缩或膨胀。这种不稳定性，加上埃德温·哈勃（Edwin Hubble）的观测结果也支持勒梅特的想法，迫使爱因斯坦于1931年也接受了宇宙在膨胀。

尽管如此，之后的好几十年间，宇宙学仍然缺乏数据，因此成了哲学和美学辩论的擂台。亚瑟·爱丁顿尤其支持爱因斯坦的静态宇宙模型，因为他认为，宇宙学常数代表自然界一种新的作用力。他对勒梅特的想法嗤之以鼻，因为"这世界有个开端，这个概念让我觉得恶心"。

爱丁顿在晚年创造了一种"基础理论"，据称要把静态宇宙论和量子理论结合起来。在这一尝试中，他逐渐沉迷于自己的宇宙："在科学中，我们有时会对一个问题的正确答案抱有坚定的信念——我们没法证明这个答案是正确答案，但仍敝帚自珍；我们受到一些感觉的影响——感觉到合适还是不合适，这种感觉是天生的。"由于跟数据结果越来越对不上，爱丁顿的基础理论在他于1944年去世后，就再没有人进一步研究了。

但宇宙亘古不变的思想仍然很受欢迎。为了让静态宇宙论与观测到的宇宙膨胀并存不悖，赫尔曼·邦迪（Hermann Bondi）、托马斯·戈尔德（Thomas Gold）和弗雷德·霍伊尔（Fred Hoyle）于1948年提出，星系之间一直在产生物质。这样一来，我们就会栖身在一个永远膨胀的宇宙中，但既没有开端，也没有终点。

弗雷德·霍伊尔的动机尤其是以审美为基础的。他嘲弄勒梅特，称其为"大爆炸人"，并承认："我反对大爆炸是出于审美偏见。"[1] 1992年，美国天体物理学家乔治·斯穆特（George Smoot）宣布了宇宙微波背景辐射中温度波动的测量结果。这个结果与宇宙的稳恒态模型相悖，霍伊尔（去世于2001年）拒绝接受。为了跟数据对得上，他将自己的模型修正为"准稳恒态宇宙"。至于勒梅特的想法为什么能成功，他的解释是："为什么科学家会喜欢'大爆炸'的想法呢？原因是他们都被《创世记》蒙蔽了。"[2]

审美理想还引发了可能是物理学史上最怪异的一幕："漩涡理论"甚嚣尘上。这个理论的目标是用不同类型的"纽结"来解释原子的多样性[3]。纽结理论在数学中是个很有趣的领域，今天也确实可以应用到物理学当中，但原子结构不在其列。然而漩涡理论在其巅峰时期还是纠集了约有25位科学家，主要都在英国，不过也有部分人在美国，从1870年到1890年，他们写了数十篇论文，在那时候算是相当有规模、也相当高产的圈子了。　30

1. Obituary, Professor Sir Fred Hoyle. *Telegraph*, August 22, 2001.
2. Curtis A. 2012. *A mile or two off Yarmouth*. Adam Curtis: the medium and the message, February 24, 2012. www.bbc.co.uk/blogs/adamcurtis /entries/ 512 cde 83 - 3 afb - 3048 - 9 ece-dba 774 b 10 f 89.
3. 下列文献介绍了漩涡理论：Kragh H. 2002. *The vortex atom: a Victorian theory of everything. Centaurus* 44 : 32 –114; Kragh H. 2011. *Higher speculations*. Oxford, UK: Oxford University Press.

漩涡理论的追随者是被理论的美丽所折服，尽管这个理论完全没有证据支持。1883年，英国物理学家奥利弗·洛奇（Oliver Lodge）在为《自然》杂志写的一篇简短评论中说漩涡理论很"美丽"，还说"这个理论，人们几乎可以说，必须是正确的。"[1] 艾伯特·迈克尔逊（Albert Michelson，他后来也得了诺贝尔奖）于1903年写道，漩涡理论"就算真不对，也理应是对的"[2]。还有位粉丝叫詹姆斯·克拉克·麦克斯韦（James Clerk Maxwell），他认为：

> 但是，从哲学的角度来看，漩涡理论最大的可取之处是，它在解释现象时的成功并不取决于其设计者在"拯救表象"时的聪明才智，即先引入一种假想的作用力，然后又引入另一种那样。漩涡原子一旦开始运动，其所有性质就绝对固定了，也只由原始流体的运动定律决定，而这些定律在基本方程中已有完整表达。……这种方法困难重重，但克服这些困难之后的荣耀也举世无双。[3]

无论漩涡理论应该有什么地位，随着原子结构的测定和量子力学出现，这个理论还是被淘汰了。

---

1. Lodge O. 1883. *The ether and its functions*. Nature 34:304–306, 328–330. 转引自 McAllister JW. 1996 .*Beauty and revolution in science*. Ithaca, NY: Cornell University Press, p. 91.
2. Michelson AA. 1903. *Light waves and their uses*. Chicago: University of Chicago Press. 转引自 Kragh H. 2011 .*Higher speculations*. Oxford, UK: Oxford University Press, p. 52.
3. Maxwell JC. 1875. Atoms. In: *Encyclopaedia Britannica*. 9 th ed. 转引自 Maxwell JC. 2011. *The scientific papers of James Clerk Maxwell*. Vol. 2. Niven WD, editor. Cambridge, UK: Cambridge University Press, p. 592.

　　而科学史上不只是充斥着后来被证明为错误的美丽思想，在其反面，也多的是后来被证明为正确的丑陋想法。

　　比如说，麦克斯韦就不喜欢自己想出来的电动力学，因为他没法提出深层的力学模型。那时候，中规中矩的美丽是机械时钟般的宇宙，但在麦克斯韦的理论中，电磁场仅仅是在那里——不由任何别的什么构成，没有齿轮，没有切口，没有液体，也没有阀门。麦克斯韦对自己的理论很不满意，因为他认为，只有"当某个物理现象可以完整地描述为某物质系统在状态和运动方面的变化时，该现象的动力学解释才堪称完整。"麦克斯[31]韦花了好多年的心血，试图将电场和磁场解释为能与机械论世界观相符的样子，但当然徒劳无功。

　　机械论是当时的风尚。威廉·汤姆森（William Thomson，也就是后来的开尔文勋爵）认为，物理学家只有在有了一个力学模型之后，才能声称自己真正理解了一门学科[1]。路德维希·玻尔兹曼（Ludwig Boltzmann）有个学生叫保罗·埃伦费斯特（Paul Ehrenfest），按照这位学生的说法，"通过让他的想象力在相互关联的运动、作用力和反应所构成的混乱局面中发挥作用，一直到真正可以领会的程度"，玻尔兹曼"明显获得了强烈的审美快感"[2]。随后几代物理学家都只是简单指出，这种深层的机械论解释纯属多此一举，他们也习惯了跟场打交道。

---

1. 引自Kragh H. 2011. *Higher speculations*. Oxford, UK: Oxford University Press, p. 87.
2. Klein MJ. 1973. *Mechanical explanation at the end of the nineteenth century*. Centaurus 17:72. 转引自 McAllister JW. 1996. *Beauty and revolution in science*. Ithaca, NY: Cornell University Press, p. 88.

　　半个世纪后，量子电动力学 —— 麦克斯韦电动力学的量子化版本 —— 同样横遭指责，被认为缺乏美感。这个理论中会出现无穷大，必须通过临时方法加以消除，而引入临时方法没有别的原因，只不过是为了让结果有用而已。这是一种实用主义方法，狄拉克一点儿都不喜欢："兰姆（Lamb）、施温格（Schwinger）、费曼等人最近的工作非常成功…… 但结果得到的理论又丑又不完整，无法当成是电子问题的令人满意的解。"[1] 有人问狄拉克对最近量子电动力学领域的发展有何看法，狄拉克答道："要是这些新的想法没有那么丑的话，我大概也会觉得这些想法是对的。"[2]

　　接下来几十年，人们找到了更好的方法来处理这个理论中的无穷大。事实证明，量子电动力学是一种乖巧的理论，其中的无穷大可以通过引入两个参数来明确去除，不过这两个参数必须通过实验确定：电子的质量和电荷。这种"重整化"的方法今天我们仍在使用。而且，尽管狄拉克并不赞同，量子电动力学仍然是物理学基础的一部分。

　　总结一下我们的历史之旅：审美标准在失效之前总是有效的。以经验为基础的审美标准作为指南难堪大用，最能说明问

32

---

1. Dirac P. 1951. *A new classical theory of electrons*. Proc R Soc Lond A. 209：251.
2. 引自 Kragh H. 1990. *Dirac: a scientific biography*. Cambridge, UK: Cambridge University Press, p. 184.（本书中译本《狄拉克：科学和人生》已由湖南科学技术出版社出版。—— 译者注）

题的证据大概是，没有哪个理论物理学家得过两次诺贝尔奖[1]。

为什么要相信理论学家？

这是12月的慕尼黑。我来这里的数学哲学中心参加一个会议，这场会议承诺要回答一个问题："为什么要相信某个理论？"会议由奥地利哲学家理查德·达维德（Richard Dawid）组织，他最近的著作《弦论与科学方法》在物理学家中引发了一些不好的情绪[2]。

弦论是目前最受欢迎的相互作用统一理论。该理论假定，宇宙及其间万物都由小小的振动的弦组成，这些弦可以自己闭合，也可以两端散开；可以伸展，也可以卷曲；可以分裂，也可以合并。这个理论也能解释一切：物质、时空；是的，当然也有你。至少想法是这样。截至目前，还没有实验证据支持弦论。历史学家赫尔奇·克拉夫也参加了会议，他把弦论比作漩涡理论[3]。

理查德·达维德在自己的著作中，把弦论作为运用"非经

---

1. 仅有两位物理学家获得过两次诺贝尔奖，而且主要是因为实验工作：居里夫人（Maria Sklodowska-Curie）1903年因发现放射性获奖，又于1911年因提纯镭获奖（后面这个属于化学领域）；约翰·巴丁（John Bardeen）于1956年因发明晶体管获奖，又于1972年与利昂·库珀（Leon N. Cooper）和约翰·施里弗（John Schrieffer）因共同建立的超导理论而获诺奖。我有些同事指出，巴丁应该算理论物理学家。巴丁毕业于电气工程学，两个诺奖都是应用科学，所以我觉得太牵强了。但由于"理论物理学家"一词并没有明确的定义，我认为辩论这个问题没有意义。无论如何，这与我的观点没有关系。巴丁的成就显然并非以本书所述美丽和自然的原则为依据。
2. Dawid R. 2013. *String theory and the scientific method.* Cambridge, UK: Cambridge University Press.
3. Kragh H. 2002. *The vortex atom: a Victorian theory of everything. Centaurus* 44:32–114; Kragh H. 2011. *Higher speculations.* Oxford, UK: Oxford University Press.

验性的理论评估"的例子。他这个表述的意思是，要选出好的理论，描述观测结果的能力并非唯一标准。他声称，某些并非基于观测的标准在哲学上同样是合理的。因此，他得出结论：必须修正科学方法，以便能从纯理论的角度来对假说进行评估。理查德给这种非经验性的评估——弦理论家通常都用这一论据来支持自己的理论——举的例子是：①没有其他解释；②运用了以前曾行之有效的数学；③发现了意想不到的关联。

33 　　理查德并不是简单指出这些标准**已经**在运用，就说**应该**被运用，而是还为这些标准提供了一些证明。这位哲学家的支持很受弦理论家的欢迎。但其他人就没那么热情了。

　　为了回应理查德提出的科学方法的变化，宇宙学家约瑟夫·西尔克（Joe Silk）和乔治·埃利斯（George Ellis）警告称这是"将好几个世纪以来定义科学知识的哲学传统当成了经验主义来破除"。在发表于《自然》杂志的一篇被广为传阅的评论中，他们也表达了自己的担心："理论物理有成为数学、物理和哲学之间的无人区的危险，因为这个地方并不能真正满足任何领域的要求。"[1]

　　我可以不去担心这些。如果我们接受了一种新的哲学，提倡不以事实为基础来选择理论，那为什么要止步于物理学呢？我设想了一个未来，气候科学家根据某些哲学家臆想出来的标

---

1. Ellis G, Silk J. 2014. *Scientific method: defend the integrity of physics.* Nature 516：321–323.

准来选择气候模型。这个想法让我汗如雨下。

但我来参加这次会议，主要原因是我想得到答案，那些吸引我投身物理学的问题的答案。我想知道宇宙是怎么开始的，时间是不是由单个的时刻组成，是不是所有事情确实都能用数学来解释。我不指望哲学家回答这些问题。但他们也说不定是对的，而我们没能取得进展的原因，确实是我们的非经验性理论评估很糟糕。

对于我们用标准而非足够的观测来阐述理论，哲学家当然是对的。但科学先是提出假说，随后验证假说，这种操作只是故事的一面。显然不可能去逐一检验所有可能的假说。因此，今天大多数科学事业 —— 从学术层面到同行评议再到科学行为的指南 —— 都致力于首先找出好的假说。不同领域的圈子标准变化很大，各个领域也都有自己的质量筛选标准，但反正谁都有自己的一套。我们在实践中（如果说不是在哲学上）预先选择假说所需的理论评估很久以来都算是科学方法的一部分。这并没有让我们从实验验证中解脱出来，但这是必需的操作，让我们可以走到实验验证这一步。

因此，在基础物理学中，我们总是会用实验验证之外的理由来选择理论。我们不得不如此，因为我们的目标通常不是解释现有数据，而是建立我们希望稍后能得到验证的理论（要是我们能说服别人去验证的话）。但在理论得到验证之前，我们应该如何决定要致力于哪个理论呢？实验人员又是如何确定哪个 34

理论是值得验证一番的？我们当然得用非经验评估。仅此而已。跟理查德相反，我并不认为我们用的标准很哲学，毋宁说这些标准主要是社会的、审美的。我很怀疑这些标准能不能自我纠正。

过去，关于美的争论曾让我们很失望，我不知道我是不是又要见证一次失败。

你可能会说："那又怎么样？到最后不总还是有效果了吗？"确实是。但如果科学家没有被美分心，我们实际上可以走得更远；即便撇开这点不谈，物理学也已经变了，也一直在变。过去我们可以蒙混过关，因为数据会迫使理论物理学家去修改想错了的从美感出发的思路。但我们越来越首先需要理论来决定究竟哪些实验最有可能揭示新现象，而这些实验接下来可能要几十年时间、几十亿美元才能完成。数据不再不请自来，我们必须知道上哪儿去找数据，我们承担不起在所有的地方都找一遍。因此，新的实验变得越来越难，理论家也不得不越发小心，不要一边做着美梦一边梦游，走进死胡同。新需求要有新方法。但得是什么样的新方法呢？

我希望哲学家有个规划。

会议地点是在慕尼黑大学的主楼。这栋建筑始建于1840年，第二次世界大战中部分受损，之后曾重建。天花板上有圆形的拱顶，地板是大理石砖；走廊两侧有柱子护翼，间或装饰着彩色玻璃窗和灭火器。会议室里，作古之人从镶了金框的油画里俯视着我们。会议在上午10：00整开始。

出席了这次研讨会的还有美国粒子物理学家戈登·凯恩（Gordon Kane），人称戈迪（Gordy）。戈迪写过一些关于粒子物理和超对称理论的科普著作，也因为将弦论与标准模型联系 35 起来的工作而闻名。他说，他可以从弦论推导出超对称粒子必定会在大型强子对撞机上出现的结论。

凯恩做讲座时，物理学家中间爆发了一场争论。他们中间有几个人一直在和凯恩辩论，直到有位哲学家大声抱怨，说他想听完这场讲座。戴维·格罗斯吼道："这就是我们所谓的科学方法的一部分！"他很久以来一直支持弦论，也"诚意推荐"理查德·达维德的著作，但他说完之后就坐了回去[1]。至于说凯恩的预测究竟是真的完全从弦论出发，还是额外用了自己选的其他假设来重现我们已知的标准模型，大家仍然存疑。

戈迪也许夸大了自己推导中的严谨性，但他确实在辛勤工作，像他这样试图找到路径从弦论的美好想法回到粒子物理的混乱现实的人为数不多。戈迪的路径要经过超对称理论，这是弦论的必要组分。尽管找到超级伴侣并不能证明弦论是正确的，但也会是连接起弦论与标准模型的道路上的第一块里程碑。

---

1. Dawid R. 2013. *String theory and the scientific method.* Cambridge, UK: Cambridge University Press, back flap.

在出版于 2001 年的著作中，戈迪将超对称性描述为"奇妙、美丽，又独一无二"，那时他就对大型强子对撞机充满了信心，认为一定能发现超级伴侣。他的信心以自然性的论点为基础。如果有人假设说，超对称理论中只有漂亮的数 —— 既不是特别大也不会特别小的数，那么他也能估算出超级伴侣的质量。戈迪在书中写道："很幸运，预计的质量足够小，因此他们推断超级伴侣应该很快就能探测到。"他接着解释道："如果这种方法整个都有效，那么超级伴侣的质量不可能比 Z 玻色子大太多。"也就是说，如果超级伴侣存在，LHC 应该早就见识过了。

戈迪的估算依赖于超对称性的一大主要诱因：避免对希格斯玻色子的质量做微调。在标准模型中，希格斯玻色子是 25 种基本粒子之一。这个论据代表了很多相似论据，后面我们都会遇到，因此这里我们来仔细看一下。

希格斯玻色子是唯一一种已知的希格斯粒子，也面对一个其他基本粒子都无须面对的特殊的数学问题：量子涨落对其质量有巨大影响。这种影响对别的粒子通常都很小，但对希格斯玻色子，量子涨落带来的质量比观测到的质量要大得多 —— 确实太大了，大了 10^{14} 倍。这可不是有点小问题，而是显而易见、无法顾左右而言他的大问题。

对于希格斯玻色子的质量，数学给出了错误结果，这很容易纠正。你可以通过减去一项来修正理论，让剩下的差值等于我们观测到的质量。这样修正是有可能的，因为随便哪项都不能单独测量，只有其差值可以。但要这么做的话，就需要谨慎选取减去的那一项，使量子涨落的影响几乎（但并非完全）被抵消。

为了能这样抵消，我们得找到一个数，跟量子涨落产生的数的前十四位完全一样，直到第十五位才有所不同。但要偶然出现的两个数如此接近的话似乎太不可能了。就好像你要从一个巨大的碗里抽两张彩票，碗里有所有十五位的数字。如果你抽到的两个数只有最后一位数不一样，你恐怕会觉得肯定得有个解释 —— 可能是彩票没混好，也可能是有人在耍花招。

两个超大的数减下来，剩下一个很小的数，还要能给出正确的希格斯玻色子质量，这实在是让人疑窦丛生；物理学家对这个数，也有跟对彩票碗同样的感觉 —— 似乎需要有个解释。但涉及自然定律的时候，我们可不是从碗里抽数字。我们只有这些定律，没办法说究竟有多可能还是有多不可能。因此，希格斯玻色子的质量需要解释，确实只是感觉而非事实。 37

如果一个数字看起来需要解释，物理学家会称之为"微调"，而不含微调过的数字的理论就是"自然"的[1]。自然的理论也经常被描述为只用到跟1很接近的数字的理论。关于自然性的这两个说法是一样的，因为如果两个数字很接近，其差值就会比1小得多。

总之，非常大、非常小或彼此非常接近的数字并不自然。在

---

1. 在宇宙学中，"微调"一词的含义略有不同。稍后我们也会遇到。

标准模型中，希格斯玻色子的质量就不自然，让这个模型变丑了。

　　超对称理论极大改善了这种情况，因为该理论不允许量子涨落对希格斯玻色子的质量有过大影响。超对称强制要求精巧地抵消这个过大影响，从而不再需要微调。如此一来，就只有来自超级伴侣粒子的质量的相对温和得多的影响了。假设所有超级伴侣的质量都是自然的，就可以推断出首批超级伴侣应当在离希格斯玻色子自身不太远的能量层级出现。这是因为如果超级伴侣比希格斯玻色子重得多，那么这些伴侣粒子的影响就必须用一项微调来抵消掉才能得出较小的希格斯玻色子质量。尽管这确有可能，要对超对称微调还是看起来很荒谬，因为超对称理论的主要动机有一条就是避免微调。

　　为避免我在量子数学上把你们绕晕，我简单解释一下。这番论证是这样的：我们不喜欢很小的数，于是我们发明了一种方法，不会用到很小的数；如果这个方法是对的，我们就应该看到新粒子。这不是预测，而是愿望。然而这种观点已经司空见惯，粒子物理学家用起来毫不犹豫。

　　超级伴侣太重会再次带来自然性的问题，这是很多物理学家相信新粒子必须在 LHC 出现的主要原因。"如果存在超对称，那么最重要的诱因中有很多都会要求在 TeV 范围有一些超对称38　粒子。"——这个例子来自卡洛斯·瓦格纳（Carlos Wagner）于2005年在芝加哥恩里科·费米研究所的系列讲座，我援引这个例子只是为了表明我在数十个研讨会上听到过的类似言论[1]。利昂·莱德曼在LHC开始运行前不久写道："理论学家热爱超对称，是因为她的优雅。LHC将让我们确认，超对称到底存不存在：即使'停止夸克'（顶夸克的超级伴侣）和'gluino'（胶子的超级伴侣）重达2.5 TeV，LHC也能找到它们。"[2]

人们发现的希格斯玻色子的质量约为125 GeV。但是没有超级伴侣出现，也没有任何标准模型无法解释的其他迹象。这就意味着，现在我们知道了，如果存在超级伴侣，其质量必定是微调过的。看来，自然性就是不正确。

事实证明自然性观点是错误的，这让粒子物理学家手足无措。他们最信任的向导似乎让他们失望了。

LHC的首次运行始于2008年。现在是2015年12月，尚未发现任何超对称的迹象，与戈迪2001年的预测完全相反。不过在经过两年的升级之后，LHC于2018年初再次开始运行。这次的能量级别是13 TeV，我们尚未看到这次运行的结果，因此还是有希望的。

茶歇时我找到机会问戈迪，他对现状有什么看法："超级伴侣没有在LHC上出现，那时候你有什么想法？"

---

1. Wagner CEM. 2005. *Lectures on supersymmetry* (II). PowerPoint presentation, Fermilab, Batavia, IL, June 23 and 30, 2005. www-cdf.fnal.gov/physics/lectures/Wagner_Lecture2.pdf.
2. Lederman L. 2007. *The God particle et al*. Nature 448:310–312.

戈迪说："超级伴侣没有理由在第一次运行中出现。除了这个天真的自然性的观点，没有任何别的诱因。但是，要是你真的想要有个能做出预测的理论，那就看看弦论吧。超级伴侣不应该在第一轮运行时出现，可能会出现在第二轮。"

有能力适应新证据，才能成为真正的科学家。

39　"要是第二轮运行也没出现呢？"

"那就是这个模型错了。我也不知道。我得好好想想是哪里出了问题。因为模型的预测非常通用，我确实期待着超级伴侣会出现。（要是没有出现，）我肯定会认真处理这些数据，好好想想能对模型做什么改变。我什么都不知道。但是那样的话，我会想要花点时间看看，是否有哪些发生的事情可以改变。"

慕尼黑研讨会的头几天过后，我清楚地认识到，这里没有人能对如何前行提出切实可行的建议。也许我对哲学家的期望太高了。

不过我还是学到了一点，就是卡尔·波普尔（Karl Popper）的科学理论必须可以证伪的哲学思想，早就已经过时了。我很高兴学到这一点，因为这种哲学思想在科学中没有人用过，最多也就是当成一种修辞手段。鲜有可能真的去证伪某个思想，因为思想总是可以修正或扩展，以适应即将到来的证据。因此，我们不会去证伪理论，而是让理论"令人难以相信"：不断修正的理论会变得越来越难以修正，也越来越晦涩难懂，就更不用说越来越丑陋不堪了，于是总有一天，从业者不再感兴趣。不过，要多久才能让一种想法变得令人难以相信，取决于你有多大的耐心，对反复让理论与矛盾证据相符能忍耐多久。

我问戈迪：“你觉得理论的优雅之处是理论家所关注的吗？他们**应当**关注这些吗？”

“他们确实会关注，我也是。”他说，“因为这样做研究感觉很好，也能让研究工作变得激动人心。”他顿了顿，又接着说道：“我不大想说‘应当’。对于做起来会感觉良好的事情，我暂时会觉得**应当**去做。但是，‘应当’更多的是感觉良好，而不是逻辑原则。如果有更好的办法，那也应该有别的人去做。但是我很怀疑有没有更好的办法，而这种办法感觉很好。” 40

本章提要

- 很久以来，科学都把美当成指南，但并非总是很好的指南。
- 在理论物理学中，对称性一直非常有用。如今人们认为对称性很美。
- 粒子物理学家同样认为，如果理论中只含有“自然”数，很接近1的数，那么这个理论就很美。不自然的数叫作“微调”。
- 如果我们缺乏数据，需要理论来决定上哪儿找新数据，理论发展中的失之毫厘可能会谬以千里。
- 有的哲学家提出要弱化科学方法，使科学家能用别的标准，而不是只能依据理论描述观测结果的能力来选择理论。
- 如何在缺乏数据的情况下继续前进，以及是否修正科学方法，这些问题超过了物理学的范畴。 41

第3章
联合体的最新状态 [1]

> 我用20页的篇幅总结了10年的教育，谈论了粒子
> 物理学的光辉岁月。

物理学家眼中的世界

关于高能物理，最让人震惊的事实莫过于：你就算对此一无所知也能过好这一生。

就拿钙来说吧，这是你骨头里的一种物质。钙原子由20个中子和20个质子组成，这些中子和质子在原子核中紧紧抱成一团，周围还围着20个电子。电子是费米子，在原子核周围形成了离散的电子层。正是这些电子层的结构决定了钙的化学性质。

然而原子核里的质子和中子并非安坐如山：它们一直在运动，移来移去，互相撞击，释放、吸收带着作用力的粒子，正是这些

---

1. 本章标题 The State of The Union 本意为"国情咨文"，即在任总统每年初向国会发表的政府工作报告。此外，the state of the art 也是英文中常见习语，表示最先进的技术。此处以 The State of The Union 为标题，显然并非"国情咨文"之意，而是为了总结两种目前最广为接受（最先进）的物理模型，因此姑且译为"联合体的最新状态"。——译者注

粒子让质子和中子聚在一起。亚原子世界可从来没有安分过。不过，尽管这些小家伙一直在蠢蠢欲动，所有的钙原子却全都表现一致。对你来说也幸亏如此，要不然你的骨头早就灰飞烟灭了。

　　直觉上你很肯定，中子在原子里面无论干了什么，都不会有什么影响，否则你肯定早就听说过了。但纯粹从概念上讲，"没什么影响"其实很让人错愕。考虑到个体成分数量之巨，为什么这样的原子亚结构没有带来极难确定的行为表现呢？为什么原子全都那么像？组成原子的那么多粒子全都在各行其是，但原子遵循的定律极为简单，简单到原子可以整整齐齐地排进元素周期表，依据的仅仅是电子层结构。

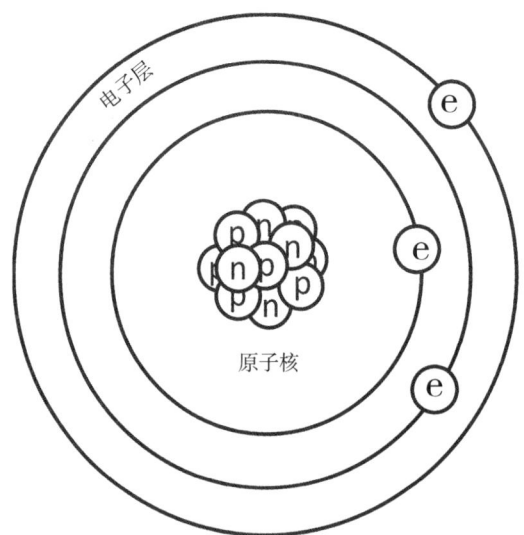

　　图2　原子的壳层模型，其中电子（e）位于围绕原子核的相互分离的电子层上，原子核则由质子（p）和中子（n）组成。这是尺度分离的一个例子，原子核中的粒子无论做什么，都不会影响电子层和原子的化学性质。

　　大自然似乎非常体贴，满足了我们想要了解的欲望。原子核里无论发生什么都会止步于原子核内，我们只会看到净效应。有的原子可以跟氢原子结合，有的则不能，但原子核里究竟发生了什么跟结合与否没有任何关系。有的原子可以形成规则的周期性的晶格，有的不行，原子核里的事情对晶格结构也没有任何影响。

　　我们可以忽略各组分到底干了什么，这一条不只是对原子有效。中子和质子都是复合粒子，由夸克和胶子组成；其组分无论如何运动，也都几乎完全不会影响这些复合粒子的性质。再比如，如果我们要描述原子如何推动花粉颗粒在水中运动（布朗运动），把原子想象成一个个的粒子就够了，完全不用考虑原子是由更小的粒子组成的。即使尺度再大一些，上面的法则也仍然成立：行星轨道与行星结构无关，继续放大一些还能看到，在宇宙尺度上，就连星系都可以看成是没有亚结构的粒子。

　　这并不是说短程上的事情对长程完全不会有任何影响。我们只是想说，细节没那么重要。泰山成于土壤，河海成于细流，泰山与河海所要遵循的定律是跟着土壤和细流的定律来的。让人吃惊的地方在于，泰山与河海的定律可以如此简单。

　　事实证明，来自土壤细流的很多信息都跟理解泰山河海无关。我们会说短程物理与长程物理"解耦"了，或是"尺度分离"了。正是因为这种尺度分离，你才可以就算对夸克和希格斯玻色子或者是量子场论一无所知也能过好这一生，这让全世界的物理学教授都很灰心丧气。

这种尺度分离影响极为深远。这意味着我们可以设计出近似的自然定律，就给定分辨率足够精确地描述一个系统，如果分辨率提高，我们再修改这些法则就行了。近似定律只适用于特定分辨率，于是叫作"有效定律"。

随着分辨率降低，通常都可以将理论要处理的对象，以及我们赋予这个对象的特性调整一番。在分辨率较低的理论中，可能更有意义的做法是，将很多小的组分集合为一个大的对象，对这个较大的对象命名，并赋予一些特性。这样一来，我们就可以谈论原子及其电子层结构，谈论分子及其振动模式，谈论金属及其电导率 —— 尽管在最底层的理论中完全没有原子、金属或是电导率这些玩意，只有基本粒子。

因此，每个级别的分辨率都有自己的一套说法，这套说法也只在这个级别上最有用。这种依赖于分辨率的对象及其属性,[44]我们称之为"涌现"。将短程理论和长程理论关联起来的过程，也叫作"粗粒化"（如图3所示）。

"涌现"是"基本"的反面。"基本"意味着对象无法被进一步分解，其特性也无法从更精确的理论中推导出来。算不算"基本"取决于当前的认知水平。今天算是基本的理论，明天可能就不再是基本了。但今天算是涌现的理论，永远都是涌现。

　　物质由分子组成，分子由原子组成，原子则由标准模型粒子组成。就我们目前所知，标准模型粒子，再加上时间和空间，就是基本——都不是由别的什么东西组成的。在物理学的地基中，我们正在努力发掘，看看是不是还有更基本的东西。

　　身为物理学家，经常有人指责我在奉行还原论（reductionism），就好像这是个我们可以选择的立场一样。但物理学不是哲学。

45 这是自然的领域，由实验来揭示。从无数的观测结果中我们抽取出这些分辨率层级及相应定律，也发现这些定律可以很好地描述我们的世界。有效场论告诉我们，原则上我们可以从小尺度的理论出发推导出大尺度的理论，但反之则不然。

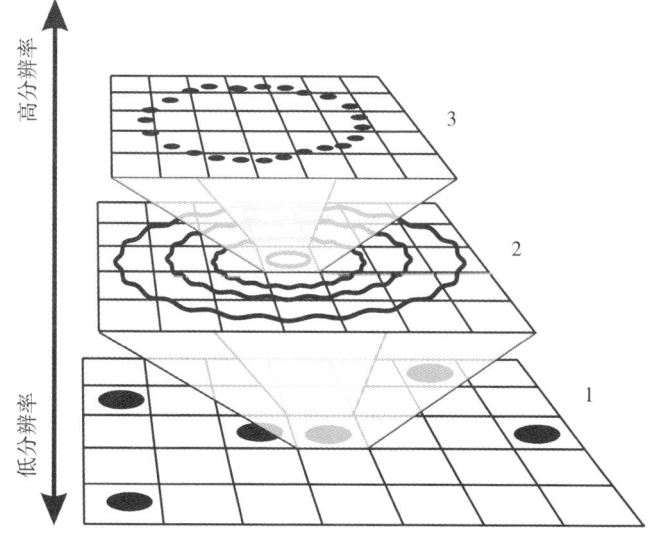

图3　粗粒化示意图。低分辨率对象及其定律（层级1）可以用中等分辨率（层级2）或高分辨率（层级3）的对象及其定律来描述，但反之则不然。低分辨率层级是从高分辨率层级中涌现的。

　　科学史慢慢揭示了这种等级结构，因此今天有很多物理学家都认为，肯定得有一种基础理论，由此出发可以推导出其他所有理论——"万有理论"。这种期待可以理解。要是你吮一颗大到能把嘴巴撑破的棒棒糖已经吮了一百年，你难道不希望最后能把牙床合上吗？

万物皆流

　　为什么自然性很美，因为取决于分辨率的有效定律带来了另一种理解方式。为此，物理学家在一个抽象的"理论空间"中，[46]给每种理论都分配了一个位置，这个空间对显示不同理论的相互关系非常有用。由于理论依赖分辨率，如果分辨率发生变化，相应理论就会在理论空间中画出一道曲线（如图4所示）。所有理论的曲线可以统称为理论"流"。

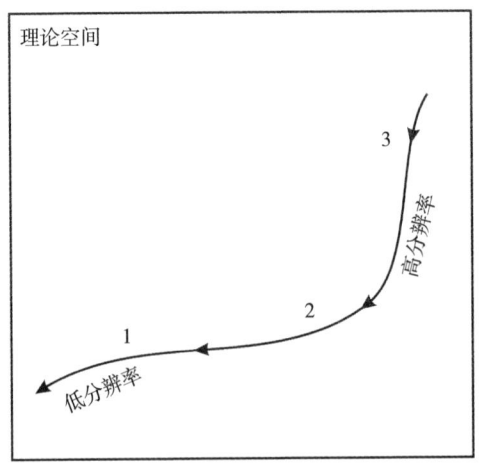

　　图4　理论空间中，每一点都是不同的理论。如果改变分辨率，就能画出一条路径。数字指图3中的分辨率层级。

在理论空间中，自然性意味着低分辨率的理论不应极度依赖高分辨率的理论（后者理应更为基础）。思路是这样的：对高分辨率的更为基础的理论，无论我们选择什么参数，低分辨率的物理学都应该跟我们观测到的结果相似。这就是自然性最早的动因：我们如何选择应该没什么关系。

对于低分辨率的理论有多依赖高分辨率的参数选择，理论空间中的流让我们有可能将其量化。朱迪切的衡量也是这么回事[1]。如图5所示，低分辨率是现在我们能探究一番的，也就是我们提出标准模型的层级。考虑到这是我们迄今达到的最高分辨率，称之为"低分辨率"似乎有点不伦不类。但是跟要展现万有理论我们认为必须达到的分辨率相比，这个分辨率确实很低。人们认为，就算是大型强子对撞机也还远远没有达到所需的高分辨率。

在理论空间中，如果我们在高分辨率这里随便从哪里开始都没有太大关系，那么低分辨率的标准模型就是自然的，或者说没有微调过。这种情况下，理论流总是会把我们带到标准模型附近（亦即在测量精度内）的地方（如图5，左图）。但是，如果我们必须精确选取高分辨率处的理论才能最后流到标准模型附近，我们就必须对起点做微调。这样一来，标准模型就是不自然的了（如图5，右图）。

---

1. 有几种不同的衡量方法，对于哪种最好也有些不同意见，但不影响下文论述。

在需要微调的情况下，能重现标准模型（亦即与观测结果一致）的理论在高分辨率处的起点必须非常接近。这里的微小距离对应着我们前面讨论的丑陋的小数，比如希格斯玻色子的 47 质量。

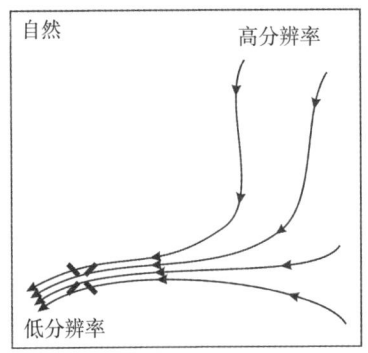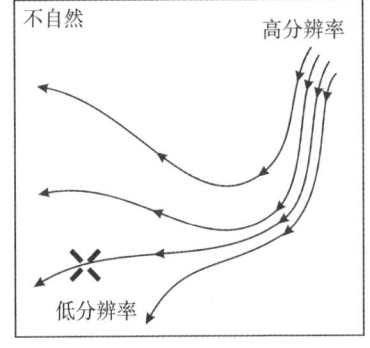

图5　如果低分辨率处的理论（比如标准模型，以X标出）是自然的（不需要微调），那么理论空间中流的情形可参看图5左；如果低分辨率理论不自然（需要微调），那么流的情形可参看图5右。

下一节我会总结一下到现在我们已经发现的跟空间、时间和物质有关的定律，以及都有哪些类型的实验揭示了这些定律。如果你对标准模型和索引模型已经很熟悉，可以直接跳到该节末尾。

行业工具

1858年，爱尔兰裔美国作家菲茨-詹姆斯·奥布赖恩（Fitz-James O'Brien）想象出了最完美的显微镜。在短篇小说《钻石透镜》中，疯狂的显微镜学家林利咨询了列文虎克（Antonie van Leeuwenhoek）的魂灵；200年前，这个人在改进世界上最早的显微镜时发现了细菌[1]。终其一生，列文虎克都对自己制造透镜的方法讳莫如深，尽管这个秘密非常有名。在中间人"灵狐夫人"的帮助下，林利从已经死去的列文虎克那里了解到，需要"一颗140克拉的钻石，放在电磁流中很长一段时间"，才能造出"放大率只受物体的可分辨能力限制"的显微镜。

林利没有研究资金，于是杀害了自己的一个朋友来偷取所需钻石。之后他把显微镜对准了一滴水：

> 我不能，也不敢，尝试去探究这种完美的神圣启示背后的光辉。那双神秘的紫罗兰一般的眼睛，晶莹、安详，让我说不出话。长发闪亮，从她美轮美奂的头上倾泻而下，留下金色的尾流，就像流星在天空划过的轨迹，那辉煌令我最炽烈的词句也仿佛熄灭了一般。

最小尺度上的大自然是否像奥布赖恩想象的那么美丽还有待验证，但我们已经知道，他的完美显微镜仍然只能是幻想。透镜的分辨能力由其所依赖的信使决定，也就是光。长波对短距离并不敏感，就跟笨重的靴子对自动扶梯踏板上的纹路不敏感一样。显微镜的分辨率受限于所用光波的波长，要探测的尺度越小，就需要让波长越短。

---

1. O'Brien FJ. 1858. *The diamond lens*. Project Gutenberg. www.gutenberg.org/ebooks/23169.

可见光的波长为400~700 nm，大概是氢原子直径的10 000倍。所以，如果只是要研究细胞，可见光可以胜任，但如果要研究原子，可见光就黔驴技穷了。我们可以用波长更短的光来实现更高的分辨率，比如用X光，相对于可见光，分辨率提高了100到10 000倍。但光的波长越短，就越难定向，也越难聚焦。

因此，为进一步提高分辨率，我们借用了量子力学的核心理论：没有真正的波，也没有真正的粒子。实际上，宇宙间万事万物（就我们所知，也包括宇宙自身）都是由波函数来描述的，这个函数兼具粒子和波的特性。有时候波函数表现得更像波，还有的时候表现得更像粒子。但从根本上讲，两者皆非 —— 这货本身就是个新类别。

因此，严格来讲，我们根本不应该指称"基本粒子"，这也是为什么我有个教授朋友建议我们给基本粒子换个名字，叫作"基本事物"。但这个表述没有人用，我也不想拿这么个名字来折磨你们。只不过要记住，只要物理学家提到粒子，他们实际上就是在说一个可以称为波函数的数学对象，这货既不是粒子也不是波，但是兼有粒子和波的特性。

波函数本身并不对应某个可观测量，但根据其绝对值，我们可以计算物理可观测量的观测结果是什么概率。在量子理论中，我们最多也就只能如此 —— 单次测量的结果是无法预测的，只有某些特殊情况除外。

　　量子理论可以帮助我们提高显微镜的分辨率，是因为该理论表明，粒子（事物？）质量越大，运动速度越快，其波长就越短。因此，使用电子束而非光束的电子显微镜，能够达到的分辨率就比光学显微镜高得多。如果电子以恒定、适中的速度运动，利用电磁场，这种显微镜就能分辨出像原子那么小的结构。原则上，我们可以通过将电子进一步加速来任意提高分辨率。为什么现代物理学会推动建设越来越大的粒子加速器，同时也受到越来越大的粒子加速器的推动？根本原因也在这里：撞击能量越高，就意味着能探测越小的尺度。

　　光学显微镜用的是镜子和透镜，粒子加速器则与此不同，用的是电磁场来加速，聚焦带电粒子束。但随着用来研究某个对象的粒子速度增加，从测量中提取信息也会变得越来越难。原因在于，本来是要检验探测对象的粒子开始显著改变探测对象。打在一片洋葱上的可见光对这片洋葱不会有什么影响，顶多就是也许会稍微有点加热效果。但射向目标板的高速电子束，会带着足够高的能量摧毁目标。那么在非常小的尺度上发生了什么，相关信息就只能在灾难现场去找了。高能物理学也就是这么回事：尝试从对撞之后的灾难现场中提取信息[1]。

　　加速器能达到的分辨距离与相撞粒子的总能量成反比。有一个基准很容易记住：1 GeV（ 10^9 eV，或者说 10^{-3} TeV，大致相当于质子质量）对应的分辨距离约为 1 飞米（ 10^{-15} m，差不多是

---

1. 在最高能量下，物理学家并不会将粒子射向目标，而是让两束粒子对撞。这样产生的信号更清晰，也能提高总的对撞能级。

质子的大小）。能量的量级升高，就意味着距离的量级会下降，反之亦然。大型强子对撞机的设计目标是，碰撞能量峰值达到约 10 TeV，这个能量对应的分辨距离约为 10^{-19} m，是迄今为止我们检验过自然定律的最小距离。

理论物理学家的任务，就是找出能精确描述粒子碰撞结果的方程。如果计算结果与数据相符，我们就能对理论有信心。如果理论物理学家对粒子碰撞了解更多，实验学家就能更有效地设计探测器。如果实验学家对加速器技术了解更多，理论学家也能得到更好的数据。

这一策略极为成功，结果就是粒子物理学的标准模型，这是目前我们对物质基本组成模块的最好认识。

标准模型

标准模型是在"规范对称"原则的基础上建立的。根据这个原则，所有粒子在一个内部空间都有个方向，就像指南针上的那口针，只不过粒子的针并没有指向任何你看得见的方向。

你问道："内部空间到底是个什么鬼？"好问题！我的最佳答案是"有用"。我们构想出内部空间是为了将观测到的粒子行为量化，这是个数学工具，能帮我们预测。 51

你还想知道："好呀，但内部空间是真实存在的吗？"好吧，这取决于你问的是谁。我有些同行确实相信，我们的理论用到的数学，就跟这些内部空间一样，是真实存在的。就我个人来讲，我更愿意只是说，内部空间描述了现实，至于说数学本身是否真实，还是存而不论好了。早在科学家出现之前很久，数学与现实有何联系这个谜团，就一直困扰着哲学家；而今天的我们也聪明不到哪儿去。好在我们就算没解开谜团，也还是有数学可资利用。

　　因此，在这个有用的内部空间中，每个粒子都有个方向。我们所谓的规范对称要求，自然定律不依赖于我们用来标记这一空间的标签，就好像我们可以旋转指北针，让指针指向西北方向而不是北方。在这种变换下，指北的粒子可以变成别的粒子的组合，比如说变成指向西北的粒子。实际上电子身上就有这种情形：在其内部空间中的某种变换可以让电子转变为电子和中微子的混合体。但是，如果这个变换是对称的，那么混合粒子就不会改变物理学。因此，对称性要求限制了我们能写下的可能定律。这个逻辑跟给藏传佛教中的坛城沙画上色很相似。如果你在填充颜色时还要考虑到对称设计，那你的选择就比忽略对称性时要少得多。

　　对自然定律来说，要满足对称的要求并不容易。有个非常复杂的地方在于，内部空间的旋转可能会随着时光流转或空间位置变化而变化，但这些变化同样不应影响粒子遵循的定律。如果我们用数学形式来表达这种对称性要求，就会发现粒子的行为被完全固定了。满足对称性要求的粒子之间的作用力，必须由另一种粒子来调节，而这种粒子的特性由涉及的对称性的类型决定。这种额外的粒子就叫作对称性的规范玻色子。

上一段浓缩了一个有大量数学的推导过程，简述成这个样子，只能让你对这个过程有个大致印象。不过结论就是，如果我们想构建一个含有某种对称性的理论（或者说以某种对称性为基准），那么考虑到这种对称性的粒子之间就必然会产生一种特殊的相互作用。此外，对称性自然也要求必须有携带作用力的规范玻色子一起出现。标准模型的基础，就正是这种规范对称。[52]

值得注意的是，标准模型几乎完全是按照这样的对称原则假设的。标准模型将电磁力、强相互作用（负责克服电斥力，使原子核聚而不散）和弱相互作用（负责核衰变）结合起来，这三种相互作用就有三种规范对称，所有粒子也都可以按对称作用于其身的方式分门别类。（我说过，我们更关注的是思想而不是粒子，但既然我们测量的就是这些粒子，你也不妨到附录A中找找概述，图6也可以看到汇总表。）[53]

标准模型是抽象数学的精妙构造，是带有规范对称性的量子场论。我以前老觉得，这么说会让别人觉得我学富五车，但后来我注意到，没法理解这个说法的话，反而往往让人疑窦丛生。如果这25种粒子大部分我们都看不见摸不着，我们怎么能那么确定一切事物都仅仅由这25种粒子组成呢？

答案非常简单。我们用所有这些数学来计算实验结果，而

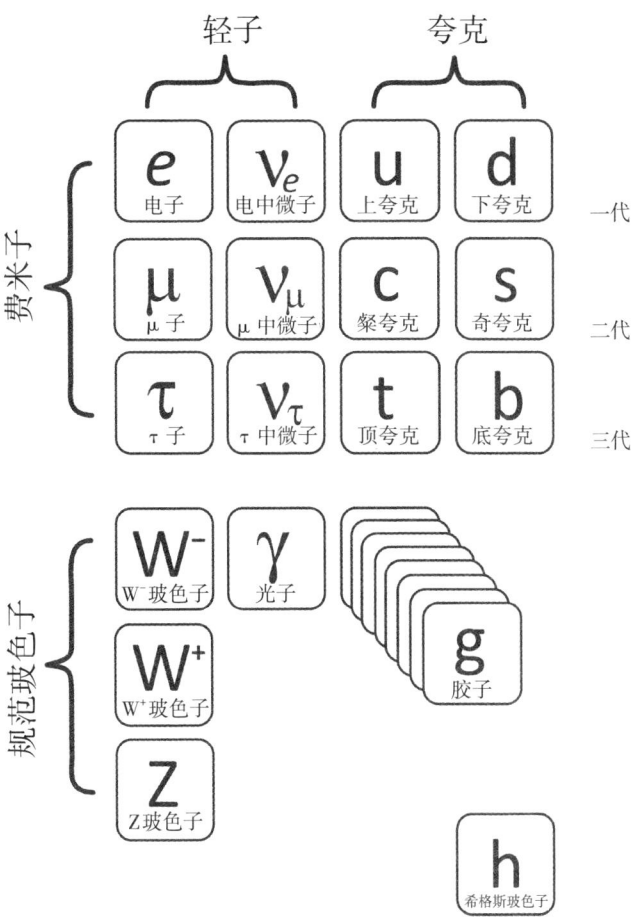

图6　粒子物理标准模型

这些计算也正确描述了观测结果。我们就是这么知道这个理论成立的。实际上，我们说"该理论成立"的时候就是这个意思。是的，这很抽象，但我们只能看到探测器读数，看不到粒子本身，这种不便无关紧要。唯一要紧的只是，数学给出了正确结果。

　　标准模型是一种量子场论，这个说法听起来比实际要吓人。场会给空间中任意一点、时间中任意时刻都分配一个数值，比如你手机的信号强度就定义了一个场。如果我们把一个场叫作量子场，意思就是这个场确实描述了粒子的存在，而粒子 —— 我们早前也已经看到 —— 也是量子态的事物。量子场本身就能告诉你，在给定时间、给定地点你能发现某个粒子的可能性有多大，而量子场论的方程告诉你的则是如何计算这一可能性。

　　除了规范对称，标准模型还用到了爱因斯坦在狭义相对论中揭示的对称性。按照他的理论，空间的三个维度和时间的一个维度必须结合在一起，成为四维时空，空间和时间也必须平等对待。因此，自然定律：

　　（1）必须独立于你检测这些定律的时间和地点；

　　（2）必须在空间旋转时保持不变；

　　（3）在空间和时间之间的广义变换下也必须保持不变。

　　时空变换听起来会让人谈虎色变，但实际上只不过是速度的变化而已。这也是为什么讲狭义相对论的科普书往往满篇都[54]是火箭飞船和卫星彼此擦肩而过，但所有这些都是毫不必要的花哨玩意儿的原因。就算没有坐在宇宙飞船里的双生子，没有激光时钟等等一切，狭义相对论也还是会遵循上述三种对称性。狭义相对论也同样承认，所有观测者对无质量粒子（比如光子，也就是光的载体）的速度都意见一致，也都认为任何事物都不能超过这个速度。也就是说，狭义相对论认为，没有什么东西能跑得比光还快[1]。

　　规范对称和狭义相对论的对称性决定了标准模型的大部分体系，但其中还是有些特征，我们还没办法用对称性解释清楚。例如，有一个特征，即费米子一共有三代，这是三组彼此相似的粒子，质量一组比一组高（第一代是最轻的费米子，第三代是最重的，第二代则介于两者之间）。另一个尚未得到解释的特征是，每种费米子都有两个版本，彼此互为镜像，人们分别称之为"左手性"和"右手性"—— 但中微子就没有，从来没有人见过右手性的中微子。标准模型有哪些问题，我们会在第 4 章进一步讨论。

　　标准模型的建立始于 20 世纪 60 年代，到 70 年代末已经基本完成。除了费米子和规范玻色子以外，标准模型中只剩下一种粒子：希格斯玻色子，正是这种玻色子让其他基本粒子有了质量[2]。就算没有希格斯玻色子，标准模型也能成立，只不过并不能描述现实，因为这时所有粒子都没有质量。因此，谢尔登·格拉肖（Sheldon Glashow）曾经不无俏皮地把希格斯玻色子比作标准模型的"抽水马桶"—— 想出这种粒子是为了某种

1. 对本书来说，关于狭义相对论知道这些就已经够了，但可以说的肯定不只是这些。对那些想延伸阅读的读者，我推荐查德·奥泽尔（Chad Orzel）的《跟狗狗讲相对论》（How to Teach Relativity to Your Dog, Basic Books, 2012）以及伦纳德·萨斯坎德（Leonard Susskind）与阿特·弗里德曼（Art Friedman）合著的《狭义相对论与经典场论》（Special Relativity and Classical Field Theory: The Theoretical Minimum, Basic Books, 2017）。
2. 严格来讲，让基本粒子有了质量的并不是希格斯玻色子，而是永不消失的希格斯场背景值。像中子、质子这些复合粒子的质量主要是结合能，并非因为希格斯玻色子。

目的，而不是因为它的美丽[1]。

希格斯玻色子于20世纪60年代早期由一些研究者各自独立地提出，也是最后一种被发现的基本粒子（2012年），但并不是最后一种被预言的粒子。最后被预言的粒子是顶夸克和底夸克（1973年），实验确证其存在分别是在1995年和1977年。90年代末，在经过实验证实之后，中微子质量（其理论可以追溯到20世纪50年代）也加了进来。但从1973年以来，还没有哪种成功的新预测能取代标准模型。

对于"我们由什么组成"这个问题，标准模型是目前我们的最佳答案。但这个模型不能解释万有引力。这是因为粒子物理学家在为加速器实验做预测时，并不需要解释引力：单个基本粒子的质量非常小，因此万有引力也非常小。在长程上万有引力占据主导作用，但在通过粒子碰撞来探测的短程内，万有引力小到可以忽略不计，实际上也小得无法测量。然而，其他所有作用力都将也必将失效，万有引力却不是这样。对于大型对象，在其他所有作用力都失效、不明显了的时候，万有引力却积累起来，变得非常明显。

引力与其他作用力格格不入还有一个原因，就是在我们现有的理论中，这是唯一一种不具备量子属性的（基本）作用力；这种作用力尚未量子化，我们称其为"经典"作用力。到第7章

---

1. Glashow S. 1988. *Interactions: a journey through the mind of a particle physicist and the matter of this world.* New York: Warner Books.

我们将看到这会带来什么问题，但首先我可以告诉你，关于引力我们知道什么，以及是如何知道的。

　　粒子物理学家建造越来越大的对撞机，查看越来越短的距离；与此同时，天文学家建造越来越大的望远镜，查看越来越远的距离[1]。最早的望远镜是跟最早的显微镜一起研制出来的，但这些仪器的设计很快就分化了。在这个领域，理论和实验同样是齐头并进，共同发展。

　　由于从遥远的星体抵达地球的光线少之又少，天文学家建造了孔径或镜子更大的望远镜来收集尽可能多的光线。这个办法很快就达到了极限，因为仪器太大就会变得无法操作。但到19世纪中叶，随着照相底片的发展，这项游戏彻底改头换面。如今天文学家可以通过长时间曝光来收集光线。但由于地球在运动，长时间曝光的结果就是会让照片糊掉，除非给望远镜加入一种补偿机制，这也得对地球运动了然于胸才行。因此，天文学家对夜空的研究越多，他们对夜空的观测就越精通。

　　今天，天文学家不再用照相底片，而是用电荷耦合设备——数码相机的电子核心来捕捉图像。现代望远镜极度敏感，甚至能探测到单个光子，曝光时间有时能长达数百万秒（比

---

1. 关于望远镜技术及其发展有一篇精彩的概述，见 Graham-Smith F. 2016. *Eyes on the sky: a spectrum of telescopes.* Oxford, UK: Oxford University Press.

一个星期还长）[1]。当然，望远镜还是在变得越来越大：现在我们有功率强劲的机器在巨大的镜子周围移动，这些镜子本身可以通过成千上万个小马达做出调整，以免在重力和温度变化的影响下变形。超级计算机和超级精密的时间测量让相距遥远的望远镜能协同工作，实际上也就形成了更大的望远镜。为了处理会使图像模糊的大气波动，天文学家如今用的是"自适应光学"，这是一种计算机代码，能根据大气效应重新调整望远镜。他们也会将望远镜装在卫星上，然后远远发射到外太空，以此彻底解决大气造成变形的问题。

往长波的方向，我们已经把我们的触角从可见光延伸到了红外、微米和射电光谱；而在短波方向，我们也一路走到了X射线和伽马射线的范围。而现在我们用来研究宇宙的信使，也不只是光波而已。其他粒子，包括中微子、电子和质子，也都会告诉我们它们源于何处、在抵达地球的道路上发生了什么故事。天文学家最近的一大成就是首次直接探测到引力波，这是时空本身的振荡。引力波携带的信息跟生成引力波的、通常都很剧 57 烈的事件有关，比如黑洞合并。

把这些方法结合起来，天文学家已经能回溯到宇宙诞生30万年时的情形，而向外探测的距离也达到了100亿光年之巨。这些数据，与对撞机物理学中能看到的截然不同。但对我们理论

---

1. 最让人叹为观止的例子大概要算是哈勃超深空。参见 Beckwith SVW et al. 2006. "The Hubble Ultra Deep Field." *Astron J.* 132: 1729–1755. arXiv:astro-ph/0607632. 或是用谷歌图片搜索"Hubble Ultra Deep Field."

学家来说，任务都是一样的：解读测量结果。

协调模型

对天文学家的测量结果，我们目前最好的解释是所谓的"宇宙学协调模型"[1]。这个模型用到了广义相对论的数学工具。而根据广义相对论，我们生活在三个空间维度和一个时间维度中，而且这个时空是弯曲的。

我知道，弯曲的四维时空很难想象。好在对大多数情形来说，二维平面已经是很好的类比。狭义相对论将时空看成是一张平展的白纸，但在广义相对论中，时空可以有山丘，也可以有沟壑。

继续类比下去的话，可以想象你有一张地图，描述的是山区地貌，但不带海拔信息，那么那些蜿蜒盘旋的道路就看不出来有什么意义了。但如果你知道那里有高山，你就能明白道路为什么会这样曲折。在这样的地形中，最好的路径就是如此。我们看不到时空的弯曲，就跟我们的地图上没有等高线一样。如果能看到时空如何弯曲，你就能理解，行星环绕太阳运动是完全合情合理的。这是行星的最佳路径。

广义相对论的对称性基础，跟狭义相对论是一样的。区别

---

1. 部分宇宙学家称协调模型为"宇宙学的标准模型"。为避免与粒子物理的标准模型（通常简称为"标准模型"）相混淆，我不打算用这个术语。

在于，广义相对论中的时空能以弯曲的方式对物质和能量产生反应。反过来，物质和能量的运动也取决于时空曲率。

但时空曲率不只是会随着地点变化，也会在时间中改变。因此，最重要的一点是，广义相对论告诉我们，宇宙并非恒久不变。在对物质的反应中，宇宙不断膨胀，也因其膨胀而使物质分 58 布得越来越稀疏。

宇宙在膨胀就意味着，过去物质一定是挤成一团。因此，早期宇宙充满了致密然而基本均匀的粒子汤。这锅汤也热得很，意味着单个粒子碰撞时的平均能量也非常高。这就带来了一个问题，因为如果温度超过10^{17}K左右，平均碰撞能量就会超过目前我们在大型强子对撞机中测试的能量[1]。至于说更高的温度 —— 也就是对更年轻的宇宙来说 —— 我们对物质在其中的行为表现没有可靠认识。当然我们也有些推测，在第5章和第9章我们会讨论其中的一些。但现在，我们先关注一下在比这个温度低的情形下，也就是协调模型（concordance model）能解释的情形下，会发生什么。

广义相对论给出了将宇宙膨胀与宇宙中各种物质和能量关联起来的方程式。因此，宇宙学家能通过尝试不同的物质和能量组合，看看哪种组合最能解释观测结果（或者说得更准确点，他们让计算机来干这活儿），来发现宇宙中都有什么。每当有新

---

1. 10^{17}开尔文的温度与10^{17}摄氏度、10^{17}华氏度都可以当作大致相当。

的观测结果出现，他们就会如此这般地忙活一番：哥哥呀，看看他们都有哪些了不得的发现！

　　最让人错愕万分的发现是，目前在宇宙中占主导地位的引力来源，我们以前从来没有接触过。这是一种未知类型的能量——人们称之为"暗能量"——在宇宙间的质能总和中，这种能量占了足足68.3％的份额。我们不知道暗能量有没有微观结构，只知道暗能量有什么影响。暗能量让宇宙加速膨胀。这也是为什么我们需要那么多的暗能量，因为数据表明，宇宙一直在加速膨胀。然而暗能量的分布也非常稀薄，因此我们没法在我们身边测量出来。只有在长距离上，我们通过膨胀加速，才能注意到暗能量的净效应。

　　最简单的暗能量类型是宇宙学常数，没有任何次级结构，在空间和时间上也都是常数。协调模型就把宇宙学常数当成是暗能量，但暗能量也有可能比这要复杂得多。

59

　　宇宙中剩下的31.7％都是物质，但是大部分都不是我们熟悉的那些物质，这个发现更加出人意料。实际上，物质中有85％（也就是宇宙质能总量的26.8％）是所谓的"暗物质"。关于暗物质我们只知道，这种物质很少产生相互作用，无论是与其自身还是与其他物质。尤其是这种物质跟光也没有相互作用，也因此得名。有些超对称粒子表现得就像暗物质一样，但我们还不知道，这是不是正确的解释。

　　宇宙中物质剩下的那15%（宇宙质能总量的4.9%）就是稳定
的标准模型粒子 —— 跟组成我们的那些物质类似（如图7所示）。

　　只要知道是什么类型的物质和能量充满了宇宙，我们就能
重建过去。在早期宇宙中，跟物质比起来，暗能量（以宇宙学常
数的形式存在）小得可以忽略不计。这是因为物质的密度随着
宇宙膨胀降低了，同时，宇宙学常数当然还是保持常数值。因此，[60]
如果今天的暗能量相当大，跟物质的比例大概是二比一，那么
早期宇宙中的物质密度必定要比宇宙学常数的能量密度大得多。

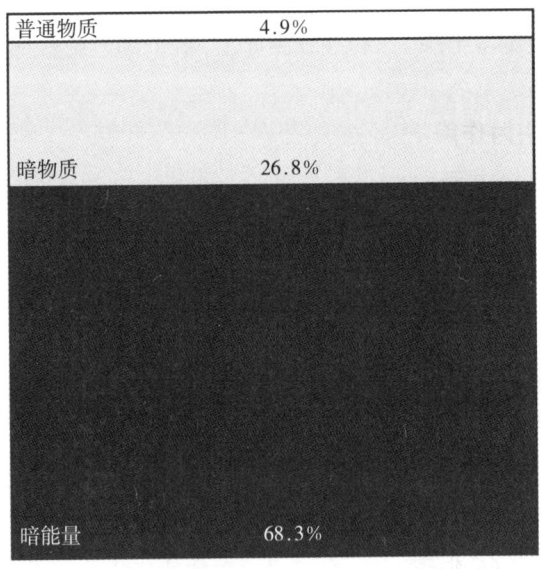

图7　宇宙中的能量组成，给不喜欢饼状图的人。

　　因此，在10^{17}K的高温中，我们一开始有一锅汤，汤里几
乎全都是物质和暗物质。时空对这些物质的反应就是开始膨胀。

膨胀让这锅汤温度下降，也让先是原子核，接着是轻原子可以开始形成。刚开始粒子汤的密度太大，因此光被困在汤里。但一旦原子形成，光就能几乎毫无阻碍地倏忽来去了。

暗物质既然与光没有相互作用，自然比普通物质要冷却得快一些。因此，在早期宇宙中，暗物质是最早开始在自身引力作用下凝结成块的。实际上，如果没有暗物质那么早就凝结成块，星系可不会以我们观测到的方式形成，因为要让普通物质的凝结加速，必须有已经先期凝结的暗物质的引力才行。也只有聚在一起的普通物质足够多了之后，在恒星中心才会开始形成较大的原子核。

在引力作用下，经过数十亿年的光阴，一个个星系组装起来，一个个太阳系形成了，恒星也一颗颗点亮。到这个时刻宇宙一直在膨胀，尽管膨胀在开始减速。但差不多在星系完全形成前后，暗能量接管了宇宙，宇宙的膨胀速度又开始加快。我们现在所处的就是这个阶段。从现在一直到未来，物质只会越来越稀释。因此，如果暗能量是宇宙学常数，就会继续统治宇宙，宇宙的膨胀也会继续加速 —— 永远加速下去。

早期宇宙中逃出粒子汤的第一束光的波长，在宇宙膨胀时也被拉长了，但这束光到现在也仍在天马行空。其波长如今已有几个毫米，远远超出了可见光范围，但仍然处在微波波段。这种宇宙微波背景（CMB）可以测量，也是宇宙学家最宝贵的信息来源。

宇宙微波背景的平均温度约为2.7K，比绝对零度没高多少。但围绕着平均温度有极微小的偏差，约为绝对温度的0.003%。这些偏差来自早期宇宙中比平均温度略高或略低的那些地方,[61]因此，宇宙微波背景中的温度波动蕴含了热汤里的波动，而正是后者孕育了星系。

有了这些知识，我们就可以用宇宙微波背景来推断宇宙历史，正如上述。还有些别的数据，来自观测到的信息分布、对宇宙膨胀的各种测算、化学元素的丰度、引力透镜等，此处列举的只是最重要的几种数据而已[1]。

协调模型也叫作ΛCDM模型，其中Λ（希腊字母λ的大写形式）表示宇宙学常数，CDM则代表"冷暗物质"。标准模型和协调模型一起，就组成了目前物理学的基础[2]。

现在该难起来了

我参加过"超对称性与基本相互作用的统一"系列国际会议。从1993年开始，该会议每年举办，高峰时期能有500余人

---

1. 关于协调模型及其发展，可以说的很多很多，但我不打算下笔千言离题万里。如欲了解更多细节，我推荐Gates E. 2010. *Einstein's telescope: the hunt for dark matter and dark energy in the universe.* New York: WW Norton; Siegel E. 2015. *Beyond the Galaxy: how humanity looked beyond our Milky Way and discovered the entire universe.* Hackensack, NJ: World Scientific Publishing.
2. 为什么有些内容我们叫作模型，另一些却叫作理论呢？对此并没有严格的命名法。有些名称只是固定搭配，有些则不然。但粗略来讲，理论是通用的数学框架，而模型包含了计算所需的各种细节。例如，有很多各不相同的量子场论，但标准模型就只有一个。广义相对论作为理论，本身并没有告诉你要计算什么；如果要计算，你还需要知道是什么物质和能量填充了时空，就像协调模型的描述一样。

汇聚一堂。每年的演讲都在阐述超对称性的益处：自然性、统一性以及暗物质的可能选项。对超级伴侣的搜寻结果，每年都是负面的。各种模型每年都会更新，以适应缺少证据的情形。

大型强子对撞机迄今仍未带来超级伴侣存在的证据，这很打击理论家的情绪。2011年，意大利物理学家圭多·阿尔塔雷利（Guido Altarelli）评论道："现在还没到绝望的时候……但也许是该郁闷的时候了。"[1] 来自剑桥大学的本·阿伦纳赫（Ben Allanach）读到2015年大型强子对撞机的一项数据分析后，把自己的反应描述为"对像我这样的超对称性理论学家来说，真有点儿令人沮丧"[2]。在欧洲核子研究中心工作的理论学家乔纳森·埃利斯（Jonathan Ellis）曾提及，大型强子对撞机兴许除了希格斯玻色子之外，别的什么都发现不了，这种可能性是"真正的顶级灾难"[3]。然而，真正经久不衰的名称还是要数"噩梦场景"[4]。我们现在就活在这个噩梦中。

从2006年开始，我就不再参加这个年度会议了，因为太压抑了。但在会上我认识了基思·奥利夫（Keith Olive），也了解到他在超对称性方面的工作。基思是明尼苏达大学的物理学教授，

1. Ortell X. 2011. *SUSY searches at the Tevatron and the LHC*. Talk given at Physics in Collision, Vancouver, Canada, August/September 2011, slide 41. http://indico.cern.ch/event/117880/contributions/1330772/attachments/58548/84276/portell_SUSYsearches.pdf.
2. Allanach B. 2015. *Hint of new particle at CERN's Large Hadron Collider?* Guardian, December 16, 2015.
3. 引 自 Cho A. 2007. *Physicists' nightmare scenario: the Higgs and nothing else*. Science 315:1657–1658.
4. Gross D. 2013. *Closing remarks*. Presentation at Strings 2013, Sogang University, Seoul, South Korea, June 24–29, 2013. www.youtube.com/embed/vtXAwk1vkmk.

也是威廉·法恩（William I. Fine）理论物理研究所所长。我给他打了个电话，问他对超对称没有在大型强子对撞机中出现有什么看法。

"我们一点一点地搞到了一些数据，"基思回忆道，"但限制变得越来越多。每隔几个月，每当我们得到新的数据分析结果时，情况都会变得更糟一点。我们本来指望超对称会在较低的能级出现，这倒确实是真的；这是个大问题。在我内心有什么东西告诉我，超对称性应当是自然的一部分，尽管就像你说的那样，没有证据证明这一点：超对称会在低能级出现吗？我觉得没人知道。我们本来以为会这样。"

基思属于我之前的那一代人，在标准模型的发展历程中，他们见证过对称性和统一性的成功。但是，我没有这样的经历，没有理由去认为，美丽是称职的指引。这个声音在告诉基思：什么是自然的一部分？什么不是自然的一部分？对这个声音，我没法信任。

"超对称为什么得是自然的一部分呢？"

"是其对称性中的力量，"基思说，"我觉得，这种力量仍然非常诱人。无论在较低的能级达不达得到，我都还是觉得有这个可能。如果希格斯玻色子最终证明是在 115～120 GeV 超对称还没被发现，那就会麻烦得多。希格斯玻色子的质量接近上限，这给了我们一线希望。实际上，粒子必须很重，而大型强子对撞机看不到这些还是有点道理的。"

　　希格斯玻色子在产生之后会迅速衰变，其存在只有通过抵达探测器的衰变产物才能推断出来。但是，希格斯玻色子的衰变方式取决于其质量。较重的希格斯玻色子，只要能产生出来，就会形成一个很容易发现的信号。因此，甚至在大型强子对撞机开始搜寻之前，希格斯玻色子质量的上限和下限就都已经确定了。

　　大型强子对撞机最终确认，希格斯玻色子的质量为 125 GeV，刚好位于目前尚未排除的范围的上限。更重的玻色子允许更重的超级伴侣，因此对超对称来说，希格斯玻色子越重越好。但尚未发现任何超级伴侣，这一事实意味着这样的超级伴侣必须非常重，以至于只有通过微调超对称模型的参数，才能得到测得的希格斯玻色子质量。

　　基思说道："因此，现在我们知道，有一些微调。这本身就会成为非常主观的问题。这微调到底有多糟糕？"

　　我们已经看到，物理学家并不喜欢需要数字非常大的数值巧合。因为大数的倒数会是个非常小的数，所以大数小数可以相互转换，因此他们也不喜欢非常小的数字。一般来讲，他们不喜欢跟1相差太大的数字。

　　但物理学家担心的只是那些没有单位的数字，这样的数字也叫"无量纲"量，是"有量纲"也就是有单位的量的反面。原因在于，量纲量的数值本质上没有意义——取决于单位选择。实际上，只要单位选得好，任何量纲量都可以等于1。比如说光速，如果选的单位是"光年/年"，就是等于1的。因此，物理学家为数字大感苦恼时，只有那些无单位的数字值得这份担心，比如希格斯玻色子与电子的质量比，结果大约是250 000∶1。

前面我们讨论过的希格斯玻色子质量的难题，并不是这个质量本身很小，因为这一表述取决于所取单位，所以没什么意义。希格斯玻色子的质量为1.25×10^{11} eV，看起来很大，但实际上也等于2.22×10^{-21} g，看起来又小得可怜了。不，小的不是希格斯玻色子的质量本身，而是希格斯玻色子的质量与来自对该质量的量子修正的能量（相对应的质量）的比值。

来自自然性的争议源于物理学家想让所有无量纲量都接近1。但这些数字不需要刚好等于1，因此你可以争一争，到底多大的 64 数字才无法接受。实际上，很多方程中都已经有无量纲量了，这些数字会引入一些未必接近1的因数。例如，2π的多少次幂（而这个幂次取决于空间维度的数量）很容易就能超过100（尤其是如果你的空间不止三个维度的话）。要是你让自己的模型再复杂些，说不定你还能得到更高的数。

因此，多少微调才算太多，取决于你对将因数合并为更大的因数有多能忍。也因此，如今大型强子对撞机的结果要求对超对称理论进行微调，好让希格斯玻色子的质量是对的；要据此评估超对称理论，因此遇到了多大麻烦，非常主观。我们也许能精确算出需要多少微调，但我们没法算出来理论家愿意接受多少微调。

"超对称理论的标准动机总有一条是，这个理论能避免微调。"基思说道，"我们喜欢去想，如果标准模型之外还有某种理论，如果你把（量子）修正写下来，你恐怕不会喜欢，必须将其微调到这样的精度。"

"微调有什么问题？"

"看起来可不大有吸引力啊！"他大笑起来，"自然性算是一种指导原则。如果这就是你们所谓的吸引力，是吸引力的定义：能吸引我们。我们遵循的也就是这样的吸引力。"

基思接着说道："到最后，我们知道为真的，也只有标准模型而已。这让我们所有人都大为沮丧。如果只是为了解释暗物质，或只是为了解释宇宙中物质比反物质多，就得有点超出标准模型以外的东西。真的得有点儿什么。对很多人来说，很难想象这只是随便一点别的什么，完全无关的什么东西。在我看来，要做的就是增加对称性，或是增加统一性。"

我问基思应该采取哪种实验策略，但他没有任何建议。

"所有容易做的事情都已经做过了。"他说，"现在该难起来了。20世纪50年代，粒子物理学才刚起步的时候，那要容易得多。建造一个几GeV的机器来对撞没那么难。而且，那时候，随便哪儿都有东西冒出来——全都不是物理学已经知道的。你有那么多奇奇怪怪的东西——这也是他们管这些东西叫'奇异'粒子的原因。每年发现的粒子数量数不胜数，这也带来了各种各样的理论进步。现如今没有任何实验指引，可就难得很了。于是我们行事就只从我们觉得漂亮的地方出发。"

本章提要

- 实验和理论通常齐头并进。
- 有些自然定律我们现在认为是最基本的，而这些定律以对称性原则为基础。
- 如果缺乏新数据，理论物理学家就会依赖于他们的美感来评估理论。
- 美并不是科学标准，但也许是基于经验的标准。　　66

第 4 章
基础上的裂缝

> 我与尼玛·阿尔卡尼-哈米德会面，尽力接受以下现实：自然不是自然的，我们了解到的一切都很了不起，也没有人会在乎我的想法。

你要是能搞到手，就是份好工作

我的出租车抵达尼尔斯·玻尔研究所时，一群小学生正在那里拍照留念。在建筑物正面，字母组成了研究所的名字和创建年份：1920 年。差不多 100 年前，物理学家就是在这里荟萃一堂，发展出原子物理和量子力学，而这些理论是现代所有电子技术的基础。每个微芯片，每个发光二极管（LED），每台数码相机，乃至每台激光仪器，全都要归功于海森伯和薛定谔前来与玻尔讨论物理学时，在这里构想出来的方程。要是有老师看着，这是个拍照的好地方。

我站在紧闭的门前，冬日冷雨扑面而来。我想到，这栋建筑也许可以追溯到 1920 年，但电子锁可不是那个年代的产品。我绕了好大一圈才在一栋副楼里找到前台，一位年轻的丹麦姑娘告诉我，我不在到访名单上，并问我来访目的是什么。

　　我说："我是来拜访尼玛·阿尔卡尼-哈米德的。"我跳上飞机，只是为了把录音设备伸到别人的嘴巴底下，说起来连我自己都觉得挺尴尬。而尼玛自己也正在研究所里访问，我不知道是访问谁，但尼玛也不在姑娘的到访名单上。[67]

　　我半真半假地说从北欧理论物理所来，那是尼尔斯·玻尔研究所的兄弟单位，2007年搬去了斯德哥尔摩。尽管我跟研究所的合同刚到期，网页上还是能找到我面带微笑的照片。姑娘给了我一张门禁卡。

　　我来得太早，只好去找走廊那头的图书馆。我熟悉的图书馆热烈欢迎了我。木地板咯吱作响，于是我不再动来动去，不想打断也许会改变世界的思想。这里闻起来有科学的味道，也就是咖啡。我想起来一个故事，说是第二次世界大战的时候，楼里装了炸药，理由是这栋楼与其留给纳粹，还不如炸毁了事。据说谁也没法保证，所有炸药在战后都已经全部移除。我走得战战兢兢。

　　尼玛来的时候我正准备去找咖啡机。我最早读到他的论文是在20世纪90年代末，从那时起，他的职业道路一直星光闪耀。1999年，时年27岁的尼玛成为加州大学伯克利分校物理系一员。2002年他去了哈佛大学，从2008年起则一直在普林斯顿大学工作，又于2009年当选美国艺术与科学学院院士。他获得了诸多奖项，包括2012年的首届"突破奖"，获奖原因是"对粒子物理学尚未解决的问题有原创性研究"。这些问题仍然悬而未决，尼玛也仍然如日中天。

　　他把我带到他在此访问期间的办公室，我轻轻坐到沙发上，不知道下一步该干什么。按下录音设备上的录音键似乎是个好主意。而尼玛就好像一直在等待这个提示音一样，立刻打开了话匣子，双手挥动，讲得眉飞色舞。

　　他说，他在考虑大型强子对撞机最近的研究结果，美丽和自然性的问题也一直萦绕在他的脑海中。

　　"关于自然性和美，一般话题都有严重歪曲。"尼玛说，"把艺术之美和科学之美结合起来，也许对卖书有帮助。"但他并不喜欢这样。"如果你是个外行，但是你精明得很，而你的物理学知识都是以布赖恩·格林《宇宙的琴弦》为基础（我可不是针对布赖恩啊），你倒是可以转身就走，想着物理学家不过是在制造垃圾罢了。这非常令人遗憾，因为真实情况，一位正派、诚实的物理学家的真实情况，远非如此。"

　　"是的，你很容易就会有这样一种印象：有时候实验实际上不可能。"他说，"而就算实验在实际上有可能，需要的时间可能也会太长，因此从实际角度来讲，你可能大半辈子都不用面对实验（结果）。而在实验结果出来之前，怎么着都行。你可以编造各种各样的幻想故事，而且说不定，每过50年或是多长时间，实验结果就会出来，把事情解决掉。所以，你要是能搞到手，这可真是份好工作，对吧？你可以就那么坐在那儿，胡编乱造一番，也没有谁能来查你。这就是我能得到的印象。"

在北欧理论物理研究所的职位到期后，我离开斯德哥尔摩，搬到德国。但新的研究经费还没下来，因此目前我没有工作。这种事儿在我也不是头一回。15年来，我一直在一个个短期合同之间跳来跳去，游走于各个国家，坚信物理学是我理解这个世界的最佳途径。这与其说是一份职业，不如说是一种痴迷。我的情形司空见惯，尼玛的情形才是难得一见。我们大多数人都不会因为有这么好的工作遭到指责。

尼玛没有注意到我的想法，他继续说道："所以，没有实验，你不过是坐在那儿，谈论着美丽、优雅，还有数学有多么可爱。这些听起来就像是社会学的屁话。我相信，这种印象完全错误，但完全错误的原因很有意思。这个原因让我们所从事的高能物理，跟其他大多数科学领域区别开来。"

"在大多数科学领域，要检验想法正确与否，需要看的就是新实验，这倒是真的。"他解释道，"但我们这个领域太成熟了，现有的实验已经给了我们极大限制。这些限制也过于强大，排除了你能尝试的几乎所有方向。如果你是个实事求是的物理学家，那么你的想法，就连好的想法在内，99.99%都会被否定掉，不是被新实验否定掉，而是因为跟现有实验不一致而被否定掉。

这才是真正让这个领域与众不同的地方，这也让我们在进入新实验之前就有了一个内在的对错观念。所以，跟疑神疑鬼的外行也许会有的看法刚好相反，干我们这行可不是只需要信口胡诌就行了。这是一场艰苦卓绝的斗争。"

那跟我说说这斗争吧，我一边想着，一边点头。

制造问题

标准模型尽管有其成功之处，在物理学家中间却没有多少人喜欢。加来道雄（Michio Kaku）称之为"矫揉造作、丑陋不堪"，史蒂芬·霍金（Stephen Hawking）说这个模型"临时拼凑、丑陋不堪"，马修·施特拉斯勒尔（Matt Strassler）贬之为"靡靡之音、丑陋不堪"，布赖恩·格林抱怨标准模型"太能伸能屈"，保罗·戴维斯（Paul Davies）则认为标准模型"有未完待续的气息"，因为"该模型试图将电弱相互作用和强相互作用绑在一起的方式"是个"丑陋不堪的特点"[1]。我还没见过真正喜欢标准模型的人。

---

1. Kaku M. 1994. *Hyperspace: a scientific odyssey through parallel universes, time warps, and the tenth dimension.* Oxford, UK: Oxford University Press, p. 126; Hawking S. 2002. *Gödel and the end of the universe.* Public lecture, Cambridge, UK, July 20, 2002; Strassler M. 2013. *Looking beyond the standard model.* Lecture at the Higgs Symposium, University of Edinburgh, Edinburgh, Scotland, January 9–11, 2013. https://higgs.ph.ed.ac.uk/sites/default/files/Strassler_Looking%20Beyond%20SM.pdf; Greene B. 1999. *The elegant universe: superstrings, hidden dimensions, and the quest for the ultimate theory.* New York: WW Norton, p. 143. Davies P. 2007. *The Goldilocks enigma: why is the universe just right for life?* New York: Penguin, p. 101.

究竟是什么让标准模型如此丑陋不堪？它最得罪人的地方在于，参数太多了，那些参数全都没有进一步解释；而且很多都跟1这个数字完全不搭界。我们已经讨论过希格斯玻色子的质量这个让人头疼的问题，但这种让人恼火的数字还多得很，起手就是其他基本粒子的质量，或者说这些质量分别与希格斯玻色子质量的比值（请记住，我们只关心无量纲量）。这一比值在电子身上是0.000 004 008，对于顶夸克则是1.384左右。没有谁能解释这些质量之比为什么是这个样子。

但这些质量的比值似乎也并非完全随机，于是物理学家相信，有一个根本性的解释。比如说，所有三种中微子都非常轻，质量之和还不到希格斯玻色子的10^{-11}。各代费米子之间，质量都大约相差10倍。日本理论物理学家小出义夫（Koide）还有个奇怪的公式，揭示了电子、μ子和τ子质量之间的关系[1]。如果你用这三种粒子的质量之和，除以三者质量平方根之和的平方，结果等于2/3，一直精确到小数点后第5位。为什么？人们发现类似的数量关系对别的粒子也成立，尽管结果的精度没有那么高。这不能不让我们觉得，我们缺一个深层解释。

除了质量，还有混合矩阵的问题。在不同地点之间移动时，有的粒子会因为别的粒子而变形（或"振荡"）。这种情况发生的概率，写在一起就成了所谓的混合矩阵[2]。矩阵中的数字也无

1. Koide Y. 1993. *Should the renewed tau mass value 1777 MeV be taken seriously?* Mod Phys Lett. A 8:2071.
2. 混合矩阵中聚集的实际上是振幅而非概率。中微子有一个混合矩阵，下夸克这个类型也有一个混合矩阵。后者又叫作卡比博-小林-益川（CKM）矩阵。

法解释，但看起来同样并非完全随机。有的粒子会跟其他粒子势均力敌地混合起来；但另一些粒子尽管也能混合，却混合得很少。为什么会这样？我们也不知道。

　　下一个问题是，标准模型中的对称性太多了！这里要说的对称性叫作CP对称。标准模型的对称变换是电荷变换和空间变换的结合，前者将粒子的电荷变为相反电荷（标记为C，代表电荷），后者是将粒子变为镜像（标记为P，代表宇称）。如果你做了这一变换，弱相互作用的方程就会变化，也就是说，电弱相互作用不对称。量子电动力学不破坏这一对称。强相互作用可以破坏，但也并没有破坏，原因未知。如果强相互作用破坏了对称性，就应该会影响比如说中子中的电荷分布，但还没有发现过这样的现象。

　　强相互作用CP破坏的强度是用所谓的θ参数来衡量的。根据现有数据，这个参数非常小，远小于1。

　　为了解决这个所谓的"强CP问题"，人们提出的一种机理是，让θ参数变成动态值，然后令其势降低为最小值，这样就会固定在一个极小的数值[1]。这个解决方案可以说是很自然了，因为不要求新的大数或小数。然而，史蒂文·温伯格和弗兰克·维尔切克分别注意到，动态θ参数必然会伴生一种粒子，维尔切克称之为"轴子"（即axion，这是第一个，也希望是最后一

71

<hr>

1. Peccei RD, Quinn HR. 1977. *CP conservation in the presence of pseudoparticles*. Phys Rev Lett. 38(25):1440-1443.

个以洗洁精命名的粒子）。但轴子至今还没被发现，强CP问题也仍然有待解决。

但在我们考察标准模型时，并不是只有数字在烦扰我们。还有费米子的三个世代无法解释，三种规范对称也还无从理解。如果电弱相互作用和强相互作用能融合成大统一理论不是会好得多吗？融合而成的大统一理论要是还满足超对称，那不是更好上加好吗？（更多内容参阅第7章。）

当然，我们对宇宙学中的协调模型也颇有微词。在这个模型中，我们同样有这么些未经解释的数字。暗能量的总量为什么是这么个数？暗物质的总量为什么是普通物质的五倍之多？再说了，暗物质和暗能量究竟是什么？协调模型中我们只描述了暗物质和暗能量的总体表现，其微观性质没有丝毫影响。这些东西到底有没有微观特性？暗物质和暗能量是由什么东西组成的吗？如果是，那又是什么呢？（第9章我们会进一步讨论这些问题。）

接下来还有将协调模型和标准模型结合起来时出现的问题。跟其他相互作用比起来，基本粒子之间的万有引力极为微弱。举个例子，电子和质子之间的万有引力和电磁力之比，约为10^{-40}。这又是一个无法解释的小数，而这个问题就叫"等级问题"。

雪上加霜的是，广义相对论也拒绝与标准模型结合得天衣无缝。也正因此，物理学家才努力了80多年，想发展出量子化

版本的引力理论 ——"量子引力"理论。理想情况下，他们也想将量子引力与其他作用力都融合进来，形成万有理论。(第8章我们会回到这一问题。)

最后，即使我们解决了所有这些问题，我们也还是会对量子力学抱怨不已。(这是第6章我们将讨论的内容。)

人们提出这些问题已经至少20年，但到现在没有任何一个问题似乎即将解决。缺乏进展的部分原因是，构想(并资助)新的实验越来越难，而容易的实验全都已经做了。如果某个研究领域趋于成熟，你可以预期就会这样举步维艰。

不过我们也能看到，就算没有新实验，理论学家也不缺未解之谜。实际上，我的大部分同行都相信，这些问题完全可以用纯理论的方法来解决。他们只不过暂时还没做到而已。理论进展因此放缓，原因跟很难想出新实验差不多如出一辙：容易的事情全都已经做了。

每当我们解决一个问题，要将今天的理论改变分毫都会变得难上加难，除非使我们已经解决的问题重新成为问题。因此，我们现有的自然界基本定律似乎无法避免受到过去成就的影响。现有理论的影响无法避免，这种现象我们通常叫作"严格"。这让我们燃起希望，以为我们已经知道了要发现一个更基本的理论需要知道的一切事情，接下来只要够聪明，就能发现这个理论。

看待这种情形的方式之一，是说严格是题中应有之物，因为这表明我们已经非常接近唯一适合观测结果的理论。另一种看法则是，严格意味着我们走进了死胡同，必须重新审视很久以前就已经解决的问题，看看我们没有去走的那些路径。

"说得更简单点，"尼玛告诉我，改变了先前的措辞，"我们既有相对论，也有量子力学，这是极大的限制。我觉得这一点没多少人能理解：相对论和量子力学极大地限制了我们的所作所为。严格和无法避免，就目前来说是最重要的。这些情形你随便怎么叫都行，但在我看来，这就是美丽的象征。" 73

"但为什么我们一开始就得有对称呢？为什么是量子场？为什么是弯曲时空？"我问道，列举了一些常见的数学假设。

我们用这些抽象概念是因为这些概念很好用，因为我们发现这些概念描述了自然。从纯数学的角度来看，这些概念肯定不是无法避免的；如果无法避免，我们单凭逻辑就可以推导出这些了。但我们永远也无法证明，哪种数学是自然界的真实描述，因为唯一可以证明的真理只有数学结构本身，而不是数学结构与现实世界的关系。因此，只有在我们确定了主要假设，并由此出发进行推导时，严格才是有意义的标准。

举个例子，你一旦相信我们栖居在弯曲时空中，万有引力基本上就无法避免。但这并不能告诉你为什么我们一开始就要生活在弯曲时空里，我们只不过发现这么假设挺管用而已。我们也只知道，这个假设适用于我们检验过的情形。

尼玛说："你是对的，关于严格的任何讨论都必须在人们已经接受为真的背景下进行，并不是因为我们知道是这样 —— 我们当然不知道。"他开始了一场关于弦论缘起的即兴演讲，随后告退去弄点咖啡。

我发现很难对他的看法有不同意见。量子引力这个问题，严格来讲非常困难。狭义相对论的对称性在量子引力理论中极难保留，其间困难不免让人怀疑，如果我们找到一种办法保留对称，很可能就是唯一的办法。

同样，这可能更多的是在说明人类的问题，而不是物理学。

"为什么超对称一直以来都吸引了这么多关注？"尼玛回来时，我问他。

他边喝咖啡边说道："如果超对称离大型强子对撞机检测的能量不远，那有意思的地方就是，超对称马上就会对接下来要发生的事情加以极为严格的限制。如果费米子有第四代，对我来说不说明任何问题。因此，有些发展在知识上是死胡同。"

我思忖道："理论学家如果不去研究这个可能是知识死胡同的方向不是更好吗？除了这个，别的想法是有什么问题让他们那么不喜欢？"

"谁会在乎你喜欢什么，不喜欢什么呢？"尼玛说，"大自然反正不在乎，我们也都同意这一点。超对称理论这么受欢迎的原因，可不只是社会学因素。决定因素在于，有了超对称理论，你可以解决舍此解决不了的问题。大自然是否关心这些问题就是另一个话题了。没有超对称，你就会有这些自然性问题。这种问题以前出现过三回还是多少，每回出现的时候我们都找到了解决办法。"

数字无名

如今如果哪个理论不包含非常大或者非常小的数，我们就说这个理论是自然的。含有不自然的数的任何理论，我们都会认为不是基本理论，而是地板上的一道裂缝，值得好好挖一挖。

自然定律就该像这样自然，这种观念有很长历史了。这观念一开始算是一种审美标准，如今则已经在数学上正式化，成为"技术自然性"。通过将审美标准提升为数学规定，自然性不科学的起源已经差不多被遗忘了。

自然性第一次大张旗鼓也许要算是拒绝日心说（以太阳为中心的宇宙观），理由是恒星看起来是固定的。如果地球绕着太阳转，那恒星的视位置在一年当中理应会有变化。变化的量度称为"视差"，取决于恒星的距离；恒星越远，表现出来的位置变化就越小。你如果坐着一辆火车，观察车窗外风物的变化，也会看到类似效应：附近的树跟远处地平线上的城市比起来，在

75　你视野中移动的速度要快得多。

那时候天文学家认为，恒星固定在一个天球上，而这个天球之中就是整个宇宙。这种情况下，如果我们并非处于天球中心，恒星的相对位置在一年当中就应该有变化，因为有时候我们离天球的某一侧会比另一侧更近。天文学家没见过这种变化，因此他们下结论说，地球位于宇宙中心。

恒星的位置在一年当中确实会稍微有点变化，但这一变化实在太小，直到 19 世纪天文学家才观测到。在此之前，他们最多也就是能估计，观察不到视差意味着，要么地球本身在一年当中是不动的，要么那些恒星必定非常非常遥远 —— 比太阳和其他行星都要远得多，这样视差就会非常小。这种情形允许太阳位于宇宙中心，但他们抛弃了这种选择，因为日心说会要求他们接受无法解释的大数。

尼古拉·哥白尼（Nicolaus Copernicus）于 16 世纪提出了令人信服的日心说模型，简化了行星运动，但视差的问题仍然挥之不去。问题不只是恒星必须比太阳系中其他天体都要远得多。还有一个问题，就是哥白尼和他那个时代的人都把恒星大小估计错了。

来自遥远光源的光线在穿过一个圆孔（比如眼睛或是透镜）时会变模糊，从而显得更宽，但直到 19 世纪人们才明白这一点。由于有这种成像假象，哥白尼那个时代的天文学家错误地认为恒星的大小比实际要大得多。因此，在日心说模型中，固定在天球上的恒星必须非常遥远，而在望远镜中仍然要显得很大，这就意味着这些恒星必须非常大，比我们自己这颗太阳还要大得多。

第谷·布拉赫（Tycho Brahe）认为，数字差异如此之巨实在是不合理，因此拒绝了地球围着太阳转的想法。他转而提出了自己的模型，其中太阳绕着地球转，而其他行星绕着太阳转。[76] 1602年，他提出反对日心说，理由是：

> 在这些问题中间有必要保留点恰当的比例，以免事物需要求助于造物的无限和对称性，也免得可见的事物因考虑到大小和距离而被抛弃：有必要保留这种对称，因为上帝——宇宙的创造者，热爱适当的秩序，而不是混乱和无序。[1]

在这里，"恰当的比例"和"适当的秩序"，基本上就是今天自然性的标准。

今天我们知道，大部分恒星都跟我们这颗太阳大小相当，而我们与那些恒星之间相距遥远，这也没有什么不自然的。我们的太阳系与银河系中其他恒星的典型距离，以及我们与其他星系之间的距离，都由宇宙膨胀时物质在自身引力牵引下聚集

---

1. Brahe T. 1602. Astronomiae instauratae progymnasmata. 转引自 Blair A. 1990. *Tycho Brahe's critique of Copernicus and the Copernican system*. Journal of the History of Ideas 51(3):364.

的方式决定。这些距离是动态产生的，在任何基础理论中都不会是基本参数。

但大数需要解释的观点仍然很有影响[1]。1937 年，保罗·狄拉克注意到，宇宙年龄除以光穿过氢原子半径所需时间，结果约为 6×10^{39} —— 跟质子和电子之间的电磁力与万有引力之比大致相同，后者约为 2.3×10^{39}。当然并非完全一样，但已经足够接近，足以让狄拉克假设这些数字得有个相同的出处。他还提出，不只是这两个数字彼此相关，而且"自然界中出现的任意两个非常大的无量纲量，都可以由简单的数学关系关联起来，其中的系数就是数量级的统一"[2]。

这就是狄拉克的大数假说。

但是，狄拉克在这个数字游戏中用了一个常数：宇宙年龄，然而这个数并非真的是常数。这就意味着，如果要让这个假设一直成立，就必须要求自然界其他常数同样随时间改变。其结果会对宇宙结构的形成产生过多影响，这就让这个假说与观测结果无法契合了[3]。

狄拉克的大数假说只适用于他选择的特定数字，今天人们已不再认为这种相关性是基本定律。然而，他认为大数需要解

1. 精彩概述可参见 Barrow JD. 1981. *The lore of large numbers: some historical background to the anthropic principle.* Q Jl R Astr Soc. 22: 388 – 420.
2. 这是"系数应该接近 1"的一种时髦说法。
3. Steigman G. 1978. *A crucial test of the Dirac cosmologies.* Ap J. 221: 407 – 411.

释，或者某几个大数要是能有共同出处至少也更可取，这种思想今天仍在大行其道。物理学家确实注意到，出现显然太大或太小的数字，就说明有新的、迄今尚未解释的效应。这让他们越发坚信，微调是个强烈信号，表明全面修订势在必行。

从自然性角度论证的逻辑，类似于试图预测长篇电视连续剧情节的逻辑。如果主角（这里就是自然性）受困，他肯定能活下来，因此一定会发生点什么来扭转看起来没什么希望的情景。

例如，在并未量子化的电动力学中，电子质量小得很不自然。原因在于电子本身会有电场，而电场能理应对质量有极大（实际上是无穷大）的贡献。要摆脱这种"自有能量"，就得对数学精细调整，这样的微调很不雅观。这就是我们的主角 —— 自然性被锁在着了火的屋子里。如果计算正确，这个主角就会被烧死。

但这番计算并不正确，因为我们忽略了量子效应。有了量子效应，我们就会看到电子是被一对对虚粒子包围着，这些虚粒子对倏忽明灭，根本无法直接观测到。不过这些虚粒子对确实有间接贡献，解决了非量子化理论的自有能量问题。这样一来，电子质量尽管那么小，在量子电动力学中也是"自然"的了[1]。主角从屋顶上跳下来，掉进垃圾箱，毫发无伤。

特别是在粒子物理学领域，数值巧合的缺乏如今有了数学

---

1. 尽管直到物理学家学会了怎么处理量子场论中没有害处的无穷大，才理解这一点。

阐释，叫作"技术自然性"[1]。整个标准模型严格来讲都很自然，只有希格斯玻色子质量的问题除外；这很让人惊讶。就连在强相互作用束缚之下的复合粒子，所有的质量严格来讲也都很自然——只有一个例外：三种介子（中性 π 介子和两种带电 π 介子）的质量相互之间极为接近；如果将带电 π 介子和中性 π 介子的质量平方后取差值，并除以质量本身的平方，得到的结果小得很不自然。主角又有麻烦了，背靠在墙上，头被人拿枪顶着。

但这里的最终结果同样表明，计算并不能正确预测会发生什么。好在超出一定能量之后，新的物理特性以一种粒子——ρ 介子的形式出现了，随着这种 ρ 介子还出现了一种新的对称性，解释了为什么 π 介子的质量彼此那么接近，一下子柳暗花明。这个解释十分自然，也不需要微调。枪哑火了，我们的主角又一次逃出。

然而，对电子自有能量和 ρ 介子的量子修正并不是预测，而是事后诸葛亮，你也可以称之为后见之明。以自然性为基础的真正的预测只有一个，就是粲夸克，第四种被发现的夸克——1970 年有人提出存在这种夸克，用来解释某些粒子相互作用的概率为什么低得那么不自然[2]。有了粲夸克之后，这些相互作用就只不过是不允许发生，因此观测不到也就在情理之中

1. 技术自然性的定义可以追溯到杰拉德·特·胡夫特。他推测，只要量子场论中出现明显太小的数字，那么该数字为零时就必定存在某种对称性，这样一来，数字那么小就可以由对称性得到解释。不过这个原始定义如今已经推广，现在技术自然性的含义是，对太小的数必定存在解释——对称性或其他解释。参见 ' t Hooft G et al. 1980. *Recent developments in gauge theories*. New York: Plenum Press, p. 135.
2. Glashow SL, Iliopoulos J, Maiani L. 1970. *Weak interactions with lepton–hadron symmetry*. *Phys Rev.* 2 (7):1285–1292.

了，无须援引微调。

综上所述，标准模型考虑了自然性，而自然性在其中一共就做出了一个预测。普林斯顿高等研究院的内森·塞伯格（Nathan Seiberg）因此声称："自然性的概念在过去好几个世纪里都是物理学的指导原则。"[1] 后果是，微调作为自然性的反面，成了过街老鼠。哈佛大学的莉萨·兰德尔（Lisa Randall）说："微调几乎就是耻辱的象征，反照着我们的愚昧无知。"[2] 或者就像粒子物理学家霍华德·贝尔（Howard Baer）告诉我的那样："我觉得微调只是理论中你必须关注的一种病态，而这种病态也会引导你，告诉你可以怎样修复这些理论，而要想前往伟大的未知领域，去解决前沿问题，该走哪条路才对。"[3]

宇宙常数并不自然。但这跟引力有关，因此粒子物理学家觉得事不关己。但现在我们知道希格斯玻色子的质量也不自然，这样一来，问题就直逼眼前，必须面对了。

没人许诺岁月静好

"我可不是自然性的捍卫者。"尼玛说，"自然性不是原则，也不是定律，但是会被当成指引。有时候这个指引很管用，有时

---

1. Nadis S, Yau S-T. 2015. *From the Great Wall to the great collider: China and the quest to uncover the inner workings of the universe.* Somerville, MA: International Press of Boston, p. 75.
2. Randall L. 2006. *Warped passages: unraveling the mysteries of the universe's hidden dimensions.* New York: Harper Perennial, p. 253.
3. 由作者进行的采访。

候又很糟糕。你得对各种可能性都能接受才行。有人说自然性纯粹只是哲学，但这绝对不是哲学。它为我们做了很多事情。"

他举了一些支持自然性的例子，也小心翼翼地提了一些反例，随后说道："自然性并不是也不应该成为大型强子对撞机的理由。值得称道的是，欧洲核子研究中心的这一观点来自那些理论家。话虽如此，认为自然性是正确的，也并非愚不可及。毕竟自然性成功过那么几回。"

尼玛告诉我，尽管自然性有这些成绩，十年前他还是放弃了自然美的标准，转而支持一种叫作"分裂超对称"的新想法。分裂超对称是超对称理论的一种变化版本，其中一些预期中的超对称伴侣自然而然地非常重，因此超出了大型强子对撞机的检测范围。这种想法解释了为什么迄今仍未观察到超对称伴侣。但分裂超对称也要有微调，才能让观测到的希格斯玻色子质量跟理论相符。

尼玛的同行对他的微调理论反响激烈，他回忆道："在会议上真有人当面对我大喊大叫来着。这种事情以前从来没发生过，后来也再没出现。"

我想着，那这就是没能满足当下的美丽标准时会发生的事情吧。

80　　我问道："大型强子对撞机有没有改变您对自然性的看法？"

"很有意思 —— 现在有这么个很流行的说法：在大型强子对撞机之前，理论学家十分确定超对称会出现，但现在这是个巨大的打击。我觉得，那些专业的建造模型的人，他们在我看来是这个领域最优秀的人；他们在大型正负电子对撞机之后就已经在担心了。但是，这也变成了一种程序，怎样才能避免跟现有数据冲突？这都不是什么大事，只是些鸡毛蒜皮。那些优秀的人一点儿都不敢肯定，超对称会不会在大型强子对撞机上出现。2000年（大型正负电子对撞机结束最后一次运行）以来，也没有出现任何质的变化。有些漏洞堵上了，但没有什么算得上质的变化。"

"你问为什么人们还在继续研究这个，"尼玛接着说道，"其实非常有意思。我说过，最优秀的那拨人对于现状清楚得很 —— 他们可不是在作壁上观，等着胶子从大型强子对撞机里喷涌而出[1]。他们对数据的反应也相当有高度。"

但那些"最优秀的人"当中，没有一个站出来，说广为流传的大型强子对撞机极有可能见证超对称粒子或暗物质粒子的说法是大放厥词。相信从美丽出发的论据的科学家，和就昂贵实验的前景有意误导公众的科学家，我不知道谁更糟糕。

尼玛接着说了下去："之前敢肯定超对称一定会出现的那些人，现在也很肯定超对称不会出现。现在也有些人说，自己很消沉、很担心、很害怕。这简直要把我逼疯了。这只是荒唐的顾影

---

1. 有一种超对称粒子，标准模型粒子的一种超级伴侣，叫作胶子。

自怜罢了。谁会在乎你，或者在乎你那点儿小九九啊？也就只有你自己会在乎而已。"

他不是在说我，但我觉得，也有可能是在说我。也许我来这里只不过想找一个离开学术界的借口，因为我大失所望，无法面对这么多一无所获的结果还保持元气满满。而且，我想到了多么惊人的一个借口啊 —— 责怪科学界滥用科学方法。

"我们对大自然的一切了解都让人啧啧称奇。"尼玛的声音打断了我的思绪，"如果有新粒子，就能有更多线索。如果没有新粒子，还是会有线索。人们会这么说，这正是我们这个时代孤芳自赏的标志。在更好的时代，甚至都不会有人允许你在礼貌的场合这么说话。谁会稀罕你的感受？就算你花了40年在这个上面，又有谁在乎呢？没人许诺过会岁月静好。这可是个高风险的行当。你如果想一步一个脚印，那就干点别的什么事好了。人们好几个世纪都在缘木求鱼，这就是命。"

我们已经聊了好几个小时，但尼玛的精力看起来无穷无尽，一点儿都不自然。那些话一句赶一句地从他嘴里冒出来，唯恐出来得不够快。他坐在椅子上，上下晃动，转来转去；时不时地还会跳起来，在黑板上奋笔疾书。我看着他看得越久，就越觉得自己老了。

"要是他们的消沉破坏了我们接下来该做的事情，那就尤其让人沮丧了。"他说，"我觉得好荒谬。知道自然性是不是错了很重要。"

不消说，粒子物理学家已经在四处游说，想建造新的对撞机。尼玛支持的中国环形对撞机将达到100 TeV的对撞能量，但眼下热议中的并非只有这一个选择[1]。另一个广受欢迎的提案是国际线性对撞机，日本曾表示有兴趣建造。欧洲核子研究中心也曾计划建造超级强子对撞机，周长达100 km，能量级别可与中国的对撞机媲美。也许到那时，我们终究能发现超对称。

"超对称真的就是个温水煮青蛙的故事。"尼玛一边回忆着这个理论的过去，一边说道，"大型正负电子对撞机一期应该能看到；1990年就应该能看到。这个领域的很多理论学家我都挺尊重的，他们预计超对称会在大型正负电子对撞机上出现。我也有同样的期待。"

"结果我们没能看到。但人们觉得这是时机问题，而不是别的问题。他们想着，'好吧，这个结果告诉我们，这个理论也得有个特殊结构。'……20世纪90年代，这种可能性完全合情合理。但接下来限制越来越多，超对称也一直没有出现。也是在90年代，大型正负电子对撞机足够精确地测出了规范耦合常数，于是我们知道了，规范耦合常数不满足标准模型，但是可以满足超对称。" [82]

在规范理论中，最重要的参数是"耦合常数"，它决定了相互作用的强度。标准模型有三个耦合常数，电弱相互作用有两

1. Thomas KD. 2015. *Beyond the Higgs: from the LHC to China*. The Institute Letter, Summer 2015. Princeton, NJ: Institute for Advanced Study, p. 8.

个常数，强相互作用有一个常数。这些常数在时间和空间中都是不变的，但其数值取决于测量过程的分辨率。这是前面提到的理论空间中理论流的例子。

探测更短距离需要更高的能量，因此低分辨率与低能量对应，高分辨率与高能量对应。大概也不用奇怪，在高能物理中，更为常见的是将理论空间中的流看成是能量变化而非分辨率变化。这样一来，按照物理学家的说法，耦合常数是随着能量"流动"，而且其流动可以计算出来。

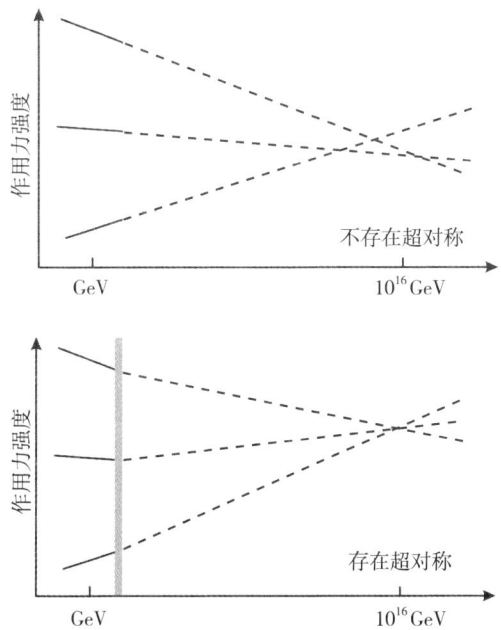

图 8　从实测范围（实线）出发，向高能方向外推（虚线）已知作用力强度的示意图。存在超对称时，曲线相交于一点，显得超对称粒子很快就会开始在对撞机中出现（在接近灰色长条的能级）。超过共同交点处的能量后，作用力的个别强度将失去意义。

如果对标准模型如此这般演算一番，会发现曲线与目前能达到的能量下的测量结果是一致的。向高能方向外推时，作用力强度相交于三个不同的交点（图8上）。但是如果把超对称加进去，外推结果就会相交于一点（由低等级数值测量结果的不确定性决定），这就是"规范耦合统一"（图8下）。如果根本只有一种规范对称，那么也就根本只有一个耦合常数，因此这三个不同的耦合最终必将交于一点。超对称能让常数在高能情形下一致，一直是研究该理论最强烈的一条动因。规范对称统一是必须的吗？不是。很漂亮吗？当然很漂亮。

"我觉得超对称最让人兴奋的年份可能是1991、1992年的样子，"尼玛说，"但自那时候起就一直在走下坡路。到大型正负电子对撞机二期中也没见到超对称的时候，业界很多人都议论纷纷，说这里面有个问题，我们早就该发现了。如果这些超级伴侣全都不存在，那规范耦合统一为什么会有效呢？还有暗物质，为什么暗物质会有效呢？"我说："这个嘛，我们还不知道有没有效呢。""当然，当然。"尼玛表示同意。"但是这带来了一个备选项？""对的，"他说，"为什么似乎能带来一个备选项？为什么这看起来好像是想要有效的样子？"

我继续沉默。很难相信这全都是毫无意义的巧合。超对称如此自然地继续追寻着统一，作用得那么完美，契合得那么严丝合缝——不可能全都只是一窝蜂的物理学家一厢情愿的想法。要么我是个白痴，要么上千个拿了各种奖项的人都是白痴。胜算不在我这边。 84

　　"回到那个问题：为什么人们还在研究这些？"尼玛打破了沉默，"首先我得说，人们对超对称的兴趣已经一落千丈。我是说，仍然还有人在研究这个问题。学术界有数不清的毛病，其中之一就是，你会接着做你已经在做的事情。不知道什么缘故，事实证明每个人在做的都不过是自己念博士时做的事情的解析延拓[1]。好在实验人员并不介意。""好吧，你得让理论学家告诉实验人员往哪儿看。""没错。"他说。

　　不过我很高兴承认，我们的路子是对的。一切都很好。让我们回到正题，建造下一个对撞机，看看希格斯玻色子是怎么回事。我们不需要哲学家的帮助。

　　在回法兰克福的飞机上，没有了尼玛的热情万丈，我明白了他为什么变得那么有影响力。跟我不一样，他相信自己的事业。

双光子尿崩开始了

　　2015 年 12 月 15 日，我跟全球数千名同行都在看来自欧洲核子研究中心的现场直播。今天，来自大型强子对撞机实验最大的两个探测器，紧凑 μ 子线圈（CMS）和超环面仪器（ATLAS）的合作者，将展示第二次运行的首批结果，这批测量所探测的

---

1. 掉书袋的梗。定义在实数域上的函数，如果要求具备某些完美特性，可以唯一地延展到复数平面。这种完整性就叫作函数的"解析延拓"。这里的意思是他们继续做着他们已经在做的事情。

分辨率比以往任何实验都更高。

　　紧凑 μ 子线圈小组的吉姆·奥尔森（Jim Olsen）走上讲台。他开始阐述探测器的设计和合作分析方法。我真希望我能快进。这也许会是标准模型开始分崩离析的一天 —— 我想看的是数据，不是磁铁照片！

　　大型强子对撞机第一次运行的结果，与标准模型的预测有些小偏差。像这样的偏差也许来自偶然（实际上经常如此），是 85 随机波动的结果。因此，科学家对任何偏离当前最佳理论的结果都给定了一个有多可靠的衡量标准，用这种偏离仅仅出于巧合的概率来量化。第一次运行的数据异常仍然有1%左右的可能是偶然因素，像这样的波动随时都会出现，也随时都会消失，因此没什么好激动的。

　　现在奥尔森开始检查紧凑 μ 子线圈的结果了。第一次运行的所有波动的确都显著下降了，意味着这些波动几乎可以肯定是随机噪声。此次合作进一步分析了第二次运行的数据，以寻找近年来流行观点的迹象。他们什么都没找到：没有额外维度的证据，没有超级伴侣，没有迷你黑洞，也没有第四代费米子。万众瞩目之下，所宣布的大体上就是这么一连串空空如也的结果。我在想戈登·凯恩会怎么看。

　　但最后，奥尔森揭晓了与标准模型有个新的偏差：有种衰变出现了太多次，每次都留下了两个光子。这种过量叫作"双光子异常"，跟现有的任何预测都不符合，也跟标准模型不能相容。这跟我们知道的任何理论都不相容。伴随着这个问题，奥尔森将讲台让给了来自超环面仪器协作组的门圆见（Marumi Kado）。

门圆见的总结跟奥尔森的几乎一模一样。之前的波动已经消退，但超环面仪器也观测到了本不该出现的双光子过量。两个实验都独立观测到了这一现象，大大降低了这个信号只是巧合的概率。放在一起来看，这种过量是随机波动的概率能达到万分之三。这个概率仍然远远超过粒子物理学家对定义发现所要求的确定性标准，即大约三百五十万分之一。但在我看来，这也许是迈向更基本的自然定律的第一步。我们马上开始讨论，这可能是怎么回事。

86　　第二天，开放存取服务器arXiv.org上有了10篇关于双光子异常的新论文。

本章提要

- 理论物理学家对他们迄今发现的自然定律颇有微词。他们尤其不喜欢不自然的数。
- 至少从16世纪开始，自然性就已经被用于指引理论发展。这个指导原则有时候有用，有时候不行。
- 自然性并非数学标准，而是以数学形式阐述的对美的要求。自然性并非总能奏效，
87　即使基于经验，也不能证明其使用是合理的。

第 5 章
完美理论

> 我寻找着科学的终点，却发现，理论物理学家的想象无穷无尽。我飞往奥斯汀，与史蒂文·温伯格畅谈，结果意识到我们做了那么多，都只是为了不那么无聊。

给我个惊喜 —— 但只要少许

要是听人讲起巴赫（Bach）跟甲壳虫乐队有多少共同之处，你可能会大感惊讶。

1975年，来自加州大学伯克利分校的两位物理学家，理查德·沃斯（Richard Voss）和约翰·克拉克（John Clarke）研究了电子设备中的噪声[1]。纯粹为了好玩，他们随后也将自己的方法用于不同类型的音乐，结果让人大吃一惊：他们发现，不同类型的音乐，无论是西方的还是东方的，也无论是蓝调、爵士还是古典，都有个共同规律：虽然音量和音高本身在不同音乐类型

---

1. Voss RF, Clarke J. 1975. "1/*f noise*" *in music and speech*. Nature 258：317–318.

之间会有所不同，变化量却会随着频率的倒数，也就是所谓的"1/f频谱"而普遍降低。这意味着长时间的变化会很罕见，但并没有偏爱哪个长度 —— 无论持续多久都行。

跟韵律或节拍会标出音乐类型的预期相反，理论上，1/f频谱没有典型的时间尺度。这一研究揭示出，音乐中的声音模式有自相似性，或者叫"相关性"，可以延伸到所有时间尺度。白噪声会表现为恒定的频谱，波动之间也没有相关性。让一段旋律在相邻音高之间随机游走，就会有极高的相关性，也具备1/f频谱。沃斯和克拉克证明，巴赫、甲壳虫乐队以及其他所有你能在收音机里听到的声音，均位于白噪音和1/f频谱之间[1]。

直觉上这意味着，动听的音乐处于可预测和不可预测之间的临界点。我们打开收音机时，是想感到惊讶 —— 但只要少许，因而也不是那么意外。流行音乐会遵循非常简单的秘诀，当合唱重复时，你也能跟着哼唱。

我觉得，观察音乐得出的这一结论，可以推广到人类生活的其他领域。在艺术、写作和科学领域，我们同样想得到惊喜 —— 但只要少许。尽管比声音的规律更难量化，但科学论文同样需要在新与旧之间取得平衡。新奇固然很好，但如果对观众期待过高，恐怕就没那么好了。真正的流行音乐巨星，就跟科

---

1. 当然，巴赫并非从宇宙大爆炸就开始作曲，人类也只能听到一小部分频率。因此，在"所有"时间尺度上都相关，意思只是作品的持续时间和能见的频率范围。因此，真实的音乐作品并非完全遵循1/f频谱，而只是在某些范围近似符合。当然，这一普遍性仍然是个有趣的发现。

学红人一样，是处在临界点上的人。他们会让我们一拍脑门，喃喃自语："我怎么就没想到呢？"

但跟艺术领域有所不同，科学思想并非以自身为终点。科学只是描述自然界的终极手段。在科学中，新数据会带来改变。但如果没有新数据呢？我们就会或明目张胆或偷偷摸摸地改造过去的轰动成果。物理学中的新理论，就会跟新的流行歌曲一样，只不过是已经耳熟能详的旋律的变体。

理论物理学领域眼下流行的主题是简洁、自然性和优雅。严格说来，从未有人明确定义过这些说法，我也不打算尝试给出定义。我只打算告诉你，人们是怎么用这些词的。

简洁

简洁的意思是尽可能简省。爱因斯坦已经注意到，理论应该"尽可能简单，没法更简单"。单凭简洁的要求并不能发展出好的理论，因为有很多理论都比描述我们这个宇宙的理论更简单。首先，完全没有充足的理由说宇宙必须存在，或是说宇宙中必须有物质。我们可以举一个没那么虚无缥缈的例子：量子引力在二维情形下要简单得多，只不过我们并非栖居在这样一个宇宙中罢了。

因此，简洁的价值是相对的。我们可以去找比某个理论更简单的其他理论，但并非仅仅以简洁为基础就能开始构建一个理论。

如果有两个理论能得到同样的结果，科学家最终一定会选择更简单的那个。这简直是废话，因为谁会愿意把自己的生活弄得比必需的程度更艰难呢？历史上这种选择有时候会姗姗来迟，因为简洁会跟别的更让人珍爱的想法相冲突，比如行星以圆形轨道运动更美。但懒惰总是会胜出，至少到目前为止都是如此。

只能说这**简直是**废话，因为简洁跟精确一直处于角力中。额外的参数会让理论不那么简洁，但通常也会让理论与数据更契合；我们可以用统计标准来衡量，与数据更契合是否足以证明需要引入新参数。我们可以讨论不同衡量标准的利弊，但在这里我们只需要说，对可能与简洁相冲突的理论扩展的探索，是在一个叫作现象学的领域中进行的[1]。

将简洁客观地量化出来有一种方式，叫作计算复杂度，这是用执行计算的计算机程序的长度来衡量的。原则上任何能转化为计算机代码的理论都可以量化出计算复杂度，目前我们用于物理学的那些理论自然也在其中。但我们不是计算机，计算复杂度也并不是我们真正在用的衡量标准。人们对简洁的概念，取而代之的标准更多的是以应用起来有多容易为基础的，这也跟我们理解某个想法、记在心中、来回摆布直到生出一篇论文

---

1. 请不要与哲学领域同样名称的内容混淆 —— 两者除了名称相同，别无任何共同之处。

的能力有密切关系。

为了让新构想出来的自然定律变简洁,理论学家现在的办法是尽量让用到的假设最少化。可以通过减少理论中的参数和场的数量来做到这一点,或者更一般地,通过减少公理的数量来做到。目前最常见的方法是统一化和增加对称性。

基础理论中不应该有无法解释的参数,这也是爱因斯坦的梦想:

> 自然界的形成,是为了有可能制定出如此强有力、决定性的定律。在这样的定律中,只有合理地完全决定了的常数出现。因此,只要改变这些常数,就会彻底破坏理论。[1]

这个梦想今天仍在推动研究进展。但我们并不知道,更基础的理论是否一定也更简单。认为更基础的理论也应该更简单 —— 至少感觉起来更简单,这个假设只是希望,而不是我们真的有理由期待的。

自然性

简洁审查的是有多少个假设,自然性则另辟蹊径,评估的

---

1. Einstein A. 1999. *Autobiographical notes*. La Salle, IL: Open Court, p. 63.

是假设的类型。通过要求"自然的"理论不应该用精挑细选的假设，自然意在摆脱人为因素。

技术自然性不同于一般自然性，因为前者只适用于量子场论。但两者有共同基础：应尽力避免用到不太可能偶然发生的假设。

但是，如果没有进一步的假设（这些假设要求做出无法解 91 释的选择，因此会让精挑细选回到理论中），自然性标准就毫无用处。问题在于，有无数各不相同的方法让一件事情归因于偶然，因此考虑偶然本身就已经需要做出选择了。

考虑这样一个例子。如果你有个正常的骰子，那么出现 1~6 中任何数字的概率都一样，都是 1/6。但如果你有个奇形怪状的骰子，那不同数字出现的概率可能就会有所不同。我们说后面这个骰子有不同的"概率分布"，也就是一个函数，对每种可能结果的概率都编了码。任何函数都可以，只要所有概率加起来等于 1。

如果我们说有什么事情是随机的，但没有加别的限定，那一般就说概率分布是均匀的，也就是所有结果的概率都相同的这样一种分布，就像正常的骰子那样。但某个理论中参数的概率为什么必须是均匀分布的呢？我们只有一组参数来描述我们的观测结果。这就跟有人告诉我们只掷了一次骰子的结果一样，这个结果没法告诉我们这个骰子是什么形状。像正常骰子那样的均匀分布也许看起来很漂亮，但自然想要摆脱的，正是这种人类选择[1]。

更糟糕的是，就算你精心选择了一个概率分布，自然仍然是个毫无意义的标准，因为这个标准马上会让所有我们能想到的理论都变得不自然。原因在于，自然性的要求目前只选择性地应用于一种假设：无量纲量。但我们在发展理论时，用了许多别的"仅仅"用来解释观测结果的假设。只不过我们一般不太说起这些。

有个例子是真空的稳定性。这个假设很常见，能确保我们周围的宇宙不会自动分崩离析，把我们撕成碎片。够合理吧？但也有无数"糟糕"的理论，其中的宇宙确实会灰飞烟灭。说这些理论很糟糕，并不是因为数学上错了，而只是因为未能描述我们的所见所闻。选择真空稳定性，只是为了描述自然，还从来没有人抱怨过这是精挑细选出来的，"不自然"。还有很多别的假设也是这样，我们选择这些假设仅仅是因为有效，而不是因为在某种程度上可能成立。而如果我们能心甘情愿地接受所有这些"仅仅因为"的假设，那又为什么不能接受挑选一个参数呢？

你大概会说："那好吧，我们总得从什么地方起头。那我们就从解释参数开始吧，后面再来讨论更复杂的假设。"

我回答道，试图证明我们为什么就用这些假设，仅仅这种尝

---

1. 更严格的论述可参见附录B。

试在逻辑上就是一团乱麻：如果我们不赞成用数学之外的方法来选择假设，那么对物理理论来说，唯一允许的要求就是数学上的一致性了。这样一来，任何一个公理集，只要在逻辑上一致就都同样可用，而这样的公理集有无数个。但要描述自然，这些就统统没用了 —— 我们可不想只是列出内在一致的理论，我们要的是解释观测结果。而要解释观测结果，我们肯定需要拿预测跟观测结果相比较，以为我们的理论选出有用的假设。在我们被自然性这样的理念带跑偏之前，我们一直在这么做。

接近1的数出于某种原因更可取的思想，也并没有植根于数学中。如果你稍微关注一下数学中某些鲜为人知的领域，就会发现各种大小、各种样子的数字，只看你兴趣在哪。有个让人头晕目眩的例子是所谓 " 魔群 "（这个名字可真是恰如其分）中元素的数量，这个数字是808,017,424,794,512,875,886,459,904, 961,710,757,005,754,368,000,000,000。

你要是懒得数有多少位，不妨告诉你，约为10^{54}。好在物理学中目前没有这么大的数需要解释，要不然我相信肯定有人试过用魔群来解释。

所以我们不能因为喜欢那些舒服的数字就责怪数学。

别误会，并且我也同意，对我们做出的任何假设如果能有更好的解释，一般来说都会更可取。我只是反对这样一种观点，就是有些数字需要特别解释，而其他问题就被搁在一边。

我得赶紧补充一点，就是自然性并非总是无用。如果我们知道概率分布，比如宇宙中恒星的分布，或是介质中波动的分布，自然性原则还是适用的。这样我们就能分辨，到下一颗恒星的距离，或下一个"可能"事件，是不是"自然"。而如果我们审视一个理论（比如标准模型）时发现有很多自然的参数，我们就有理由推断出这一规律，并以此为基础做出预测。如果预测失败，我们也会注意到，然后再去干点别的。

在实践中，自然性的主导地位意味着，如果没有新物理学会"自然"出现在实验范围内的理由，你就没法说服任何人去做实验。但是，自然性本质上是个审美标准，因此我们总是能提出新论点，改写数字。这导致几十年来我们在预测新效应的时候总是说，下一个实验就能测出来了。如果下一个实验也没有任何发现，我们就会修改预测，说再下一个。

优雅

终于可以说到优雅了，这是个最让人捉摸不透的标准。优雅通常被描述为简洁和惊喜的结合，而这两者放在一起就能揭示有关的新知识。我们会在顿悟中发现优雅，在顿悟的那一刻，一切都变得井井有条。这就是哲学家理查德·达维德所说的"意想不到的解释性终结"——在先前并无关联的事物之间有了未曾想到的关联。但这也是从简单中生出复杂，在从未涉足的土地上开辟新景观，从节俭中生出的丰富结构——很让人惊讶。

优雅是一种丝毫不觉得难为情的主观标准，尽管很有影响，也没有人试图使其正式化，并用于理论发展。至少到现在还没有。理查德·达维德是最早尝试定义优雅感的人，他指出，优雅感可以通过他提出的评估理论的方法中意想不到的解释性终结

94　来定义。但在这个意义上，这是一种解释性终结，是对一致性的要求，无论如何都是一种质量要求。而且在这个意义上，这个终结理应是"意想不到"的，这个陈述关乎人类大脑在推导出数学结果之前就预测到这些结果的能力。因此，这仍然是个主观标准。

因此，美是上述所有成分的结合：简洁，自然，以及一定剂量的"意想不到"。我们也遵循着这些规则。毕竟，我们不想给任何人太多惊喜。

我越是试着去理解我那些同行对美的依赖，就越觉得没道理。我不得不抛弃数学上的严格，因为这种严格依赖于提前选择怎样的真理，但这种选择本身并不严格，因此让这种想法流于荒唐。我也没法为简洁、自然性或优雅找到数学基础，这里面的每个概念最终都会带来主观，带来人类的价值观。应用着这些标准，我担心我们越过了科学的边界。

我越来越相信理论物理学家是集体妄想症，他们不能或不愿承认他们的程序不科学。必须有人好好跟我谈谈，让我抛弃这些念头。有的人经历过这些标准起作用的年代，这是我欠缺的经验，我得跟这样的人谈。我也知道我该跟谁谈才合适。

相马

1月，得克萨斯州首府奥斯汀市。我特别害怕迟到，所以提前了一个小时去史蒂文·温伯格那里赴约。这一个小时需要有一大杯咖啡。喝到一半的时候，有个年轻人走过来，问能不能坐在我这儿。当然啦，我说。他往桌子上放了本大部头，开始一边读书一边做笔记。我扫了一眼那些方程式，是经典力学，正是理论物理第一学期开头要学的东西。

一群学生一边聊天一边走了过去。我问这位好学的年轻人，知不知道他们可能是听完哪场讲座过来的。他说："不好意思,[95]我不知道。"又接着说他来这儿才两个星期。我问道，你决定好要专攻物理学的哪个领域了吗？他告诉我，他读过布赖恩·格林的著作，对弦论非常感兴趣。我跟他说，弦论可不是物理剧场里唯一的节目，物理也不是数学，而且单凭逻辑并不足以找到正确理论。但我觉得，我的话在格林的影响面前恐怕不值一提。

我给了年轻人我的电子邮件地址，随后站起身，走过一条没有窗户的走廊，路过干巴巴的会议海报和学术研讨公告，直到找到一个门牌，上面写着"史蒂文·温伯格教授"。我瞥了一眼，但教授还没到。他的秘书对我视而不见，我只能等着，盯着我的双脚，直到听见走廊里响起脚步声。

"我这会儿应该要跟一位作家聊聊，"温伯格边说边四下看了看，但只有我在。"是你吗？"

擅长把每一个新机会都搞砸，总让自己觉得完全不够格的我，答了一声是，心里想着我实在不该在这儿。我本该坐在自己的桌子前，读着论文，写着申请，再不济也可以填填推荐表。我不该对一个既不用也不想接受治疗的圈子做心理分析。我不应该假装有我不具备的身份。

温伯格眉毛一挑，指了指他的办公室。结果他的办公室才有我的一半大，这一发现让我即使有过获得诺贝尔奖的雄心也一下子化为乌有。当然，我也没有挂了一面墙的荣誉头衔。我也没有自己的作品在桌子上排成一排的景观。温伯格的书已经足足有一打之多了。

他的《引力论与宇宙论》是我买来保存的第一部教材。这本书太贵了，一年中大部分时候我都背着这本书跑来跑去，生怕弄丢。我带着这本书去健身房，还跟这本书同吃同眠。后来我甚至打开读过这本书。

这本书深蓝色的封面带着金色印记，很是朴素。这种封面基本上就是用来积灰的。后来我发现作者竟仍然在世，而不是像我想象的那样，是跟爱因斯坦、海森伯同时代的早已作古之人（到现在为止我读过的文献基本上都是这些老人家写的），你能想象我该有多激动。实际上，这位作者不但还活着，而且随后数年又出版了三本讲量子场论的书。这些书也都曾跟我同榻而眠。

现已耄耋之年的温伯格仍然在做研究，而且笔耕不辍，有部新作刚刚出版。如果这个世界上有人能告诉我，为什么我的研究应当依赖于美和自然性的原则，那就非他莫属了。我拿出本子坐了下来，希望自己看起来足够像个作家。

打开录音机的时候我想着，终于有机会好好问问关于相马人的事儿了。"您曾经拿相马人打过比方。这样打比方似乎是在说，构建理论时关注美的原则，是出自经验？""是的，我觉得是。"温伯格说，"如果我们追溯到古希腊，一直上溯到亚里士多德（Aristotle）的时代……"

曾有人告诉我，温伯格不会跟你说话，而是会**对**你说话。现在我知道他们是什么意思了。就这么跟你说吧，他讲的话就像一本书，基本上可以直接印出来。

"如果我们追溯到古希腊，一直上溯到亚里士多德的时代，就会看到他们似乎有一种天生的对正确的感觉，这种感觉有道德品质。就比如说巴门尼德（Parmenides），他有个超级简单的自然理论，认为任何事物都不会变化。这个理论肯定跟经验矛盾，但他从来没有花心思去让表象和他的万物恒常理论协调一致。他主张这个理论，仅仅是因为简洁和优雅，我想还有某种势利，因为变化总归没有恒久那么高贵。

"我们已经知道怎样做得更好。我们已经知道，无论我们的审美理念提出什么理论，都得以某种方式面对实际经验。随着时间流逝，我们所学到的不仅是我们的美感提出的理论必须由

经验得到证实，而且我们的美感也在逐渐改变，改变方式则是
由我们的经验决定的。

97 "比如说，自然界整体图景的美妙概念，也就是会影响人类
生活的那些价值 —— 爱与憎，冲突与公正，等等，某种程度上
同样也适用于无生命的世界；自然界的这一整体图景，在占星
术中发扬光大，说是在天上发生的事情会跟在地上发生的事情
有直接关联。人们曾经认为这种天人感应学说很漂亮，因为这
是个包含万物的统一理论。但现在我们知道了应该抛弃这种理
论。我们再也不会去自然定律中寻找人类价值观。我们不会讨
论高贵的基本粒子，或是发生在核反应中的散射是为了得到阿
那克西曼德（Anaximander）那样的'公正'结果。"

"我们的美感已经变了。就像我在书里描述的那样，现在我
们所追寻的美，不是在艺术中，不是在装饰房间时，也不是在相
马的时候，而是我们在物理学理论中追寻的美，那是一种严格
之美。我们希望理论尽最大可能做到不可改变，要改变就一定
会带来不可能，比如数学上前后矛盾。"

"我举个例子。在基本粒子的现代标准模型中，我们有六种
夸克，也有六种轻子[1]。所以两边数量是相等的。你可以说，存在
一一对应，好美！但其中真正美丽的地方在于，如果**没有**一一对
应，数学上就会无法前后一致。方程中会出现一个问题，我们这

---

1. 轻子是标准模型中的非夸克的费米子。

行称之为'异常'，而且你得不到一致性。在标准模型普遍的形式主义中，你的夸克数量和轻子数量必须相等。"

"我们觉得这很美，是因为首先，这满足了我们对解释的渴求。知道有六种夸克，我们就能理解为什么也有六种轻子。但同样也因为，这符合我们的感觉，觉得我们正在摆弄的这些基本上无法避免。我们现在的这个理论能解释自身。也不完全是（我们不知道为什么数字是6，而不是4或者12或者别的随便哪个偶数），但在某种程度上，这个模型用数学上的一致性解释了自身。这样子非常好，用我最近一本书的书名来说，因为它让我们在解释世界的道路上更进一步。"[1]

98

他执要说道，现在我们比他们那时候要聪明得多，因为数学不会让我们做出模棱两可或是相互矛盾的假设。在他的说法中，理论物理学家就是科学上的半神，正在越来越接近他们梦想中的最终理论。我多想相信这个说法啊！但我做不到。正因为我的信仰崩塌了我才来到这里，因此我拒绝接受理论可以解释自身的观点。

"但数学上一致的要求似乎相当薄弱，"我说，"有很多理论在数学上都是一致的，但却跟这个世界没有任何关系。"

"对，你是对的，"温伯格说，"我的猜测是，要确认一个唯

---

1. Weinberg S. 2015. *To explain the world: the discovery of modern science*. New York: Harper.

一可能的理论，数学一致性的要求最终并不够强。我觉得，我们最多能期待这样一个理论，这是唯一数学上一致的理论，这个理论很丰富，就是说有大把大把的现象，特别是这个理论会让生命有可能出现。只有从这个意义上来说，这个理论是独一无二的。"

"你看，你说数学一致性并不够，我很肯定你是对的，因为我们可以杜撰出在我们看来数学上一致，但肯定不能描述现实世界的理论。就比如有这么个理论：只有一个粒子，没有任何相互作用，安坐在真空中，什么也不会发生。这个理论数学上是一致的。但这个理论没多大意思，也不丰富。也许统治现实世界的是唯一一个既在数学上一致，也允许这个世界很丰富，有大把大把现象，也有悠久历史的理论。但我们离这个结论还非常遥远。"

就假设我们成功了。假设理论物理学家终于证明，只有一种终极自然定律能创造出我们。终于，一切都能说得通了：恒星与行星，光明与黑暗，生与死。我们将知道每一起偶然是怎么发生的，知道不可能有任何不同，既不会更好，也不会更糟。我们将与自然平起平坐，能看着宇宙说："我懂了。"

在看似无意义的世界中找到意义，这是个古老的梦想。但这并不只是为了要有意义。有了这一突破，理论物理学家就能成为真理的权威。现在他们知道了如何维护自然法则，也会接管其他科学领域，释放仍然深陷神秘之中的见解。他们会改变世界。他们会成为英雄。他们也会有能力算出希格斯玻色子的质量。

我能看到这诱惑，但我看不出来，得到一个独一无二的自然定律并不仅仅是梦想。我觉得，为了达到这个目的，用自然性做指引没有任何好处。那还有什么别的选项吗？温伯格表示，他希望只有一种"数学上一致，也允许这个世界很丰富的理论"。但是，很容易就能找到既内在一致又与观测结果不矛盾的理论，只要不用这个理论做任何预测就好了。我想这不可能是他的意思，于是我说道："不过，那就需要这个理论的预测能力足够强大，从而能得出要有复杂原子和核物理所必需的参数。"

"我也不知道，"温伯格耸了耸肩，"也有可能正确的理论允许宇宙早期演化出大量不同的大爆炸，所有这些大爆炸都同时发生，但其中的自然常数非常不同，我们也永远都无法预测这些常数是多少，因为无论是什么，在我们这个大爆炸里都只是这样了。这就好像我们试着从基本原理出发，预测地球到太阳的距离。很显然宇宙中有数十亿颗行星，这些行星跟自己恒星的距离也各不相同，我们永远也别想把这些距离都预测出来。同样也有可能，有过无数的大爆炸。而在我们栖身的大爆炸中，自然常数只不过刚好是那些值而已。"

"这些都是胡思乱想。我们不知道这些想法里有没有什么是真的。但肯定逻辑上还是有可能。在有些物理理论中，这些也可以是真的。"

无穷无尽的可能性

你是这个星球上70亿人中的一员；你的太阳是银河系上千亿颗恒星中的一颗；而银河系是宇宙中上千亿个星系中的一个。也许还有别的宇宙，一起组成了我们所谓的"多重宇宙"。听起来好像没什么大不了的？这可是目前物理学中最有争议的想法。

宇宙学家保罗·斯坦哈特（Paul Steinhardt）称，多重宇宙的想法"华而不实，不自然，无法验证，最终对科学和社会也都是有害的"[1]。而根据保罗·戴维斯的说法，这"只不过是幼稚的自然神论披上了科学的外衣"[2]。乔治·埃利斯警告称，"支持多重宇宙的人……隐然要重新定义'科学'的含义"[3]。戴维·格罗斯觉得这种理论"听起来神神叨叨的"[4]。在南非物理学家尼尔·图罗克（Neil Turok）看来，这是"彻头彻尾的灾难"[5]。科普作家约翰·霍根（John Horgan）则抱怨："多重宇宙理论不是理论，而是科幻小说，是神学，是毫无证据的想象之作。"[6]

---

1. Wolchover N, Byrne P. 2014. *How to check if your universe exists.* Quanta Magazine, July 11, 2014.
2. Davies P. 2007. *Universes galore: where will it all end?* In: Carr B, editor. Universe or multiverse. Cambridge, UK: Cambridge University Press, p. 495.
3. Ellis G. 2011. *Does the multiverse really exist?* Scientific American, August 2011, p. 40.
4. *Lawrence Krauss owned by David Gross on the multiverse religion.* YouTube video, published June 26, 2014. www.youtube.com/watch?v=fEx5rWfz2ow.
5. Wells P. 2013. *Perimeter Institute and the crisis in modern physics.* MacLean's, September 5, 2013.
6. Horgan J. 2011. *Is speculation in multiverses as immoral as speculation in subprime mortgages?* Cross-check (blog). Scientific American, January 28, 2011. https://blogs.scientificamerican.com/cross-check/is-speculation-in-multiverses-as-immoral-as-speculation-in-subprime-mortgages/.

在争议中站在另一边的有伦纳德·萨斯坎德（Leonard Susskind），他发现，"宇宙也许比我们想象的要大得多、丰富得多，也更加充满变数，想到这一点真让人兴奋。"[1]英国数学、天文学教授伯纳德·卡尔（Bernard Carr）则推断："多重宇宙的思想必然会带来对科学本质的新认识，因此也不必奇怪，这让知识界惶恐不安。"[2]马克斯·泰格马克（Max Tegmark）辩称，反对多重宇宙的人有"情感偏见，不肯把我们自己移出舞台中央"[3]。汤姆·西格弗里德（Tom Siegfried）则认为，那些批评者跟"19世纪有些科学家和哲学家拒绝承认原子存在时的做派如出一辙"[4]。

那关键问题是什么呢？是爱因斯坦曾教导我们，没有什么能在空间中跑得比光还快。这就意味着在任意给定时刻，光速限定了我们能看多远，这个极限也叫作"宇宙学视界"。光以外的信使都会比光慢，或是在引力的情形中跟光一样快。因此，如果有什么东西过于遥远，发出的光到现在都还没抵达我们这儿，我们就完全没办法说那儿有这么个东西。

但是，尽管没有什么东西能跑得比光还快，空间本身却并不知道这个限定。空间可以膨胀得比光还快，而且在多重宇宙中也确实如此。这样一来，有些地方发出的光永远也不可能抵

1. Gefter A. 2005. *Is string theory in trouble?* New Scientist, December 14, 2005.

2. Carr B. 2008. *Defending the multiverse.* Astronomy & Geophysics 49 (2): 2.36 – 2.37.

3. Naff CF. 2014. *Cosmic quest: an interview with physicist Max Tegmark.* TheHumanist.com, May 8, 2014.

4. Siegfried T. 2013. *Belief in multiverse requires exceptional vision.* ScienceNews.org, August 14, 2013.

达我们这里。在多重宇宙中，所有其他宇宙都位于这样的区域，因此跟我们分隔开来，永世隔绝。反对多重宇宙的人因此可以说，你永远无法观测到多重宇宙，所以这不属于科学范畴。

多重宇宙的支持者以牙还牙，指出并不能仅仅因为一个理论中有无法观测的元素，就说这个理论无法做出预测。量子力学诞生之初我们就已经知道，要求一个理论的所有数学结构都能直接对应于观测是不行的。比如说，波函数本身不可观测，能观测到的只是由波函数决定的概率分布而已。这下所有人都对这个事儿感到不开心了。但我们一致同意，量子力学无论如何都非常成功。

物理学家愿意接受理论中不可观测的成分作为必要条件的程度，取决于他们相信这个理论的程度，以及他们对这个理论能带来更深刻见解抱有的希望大小。但一个理论不会因为含有不可观测的成分，就有任何先天的不科学之处。

尽管多重宇宙的内容大部分都无法观测，从这个理论出发做出预测还是有可能的，就是去研究多重宇宙中有个宇宙的自然定律跟我们这个宇宙一样的概率。这样的话，我们将无法真正推导出我们这个宇宙中基本的自然定律，但还是有可能推断出我们最有可能观测到什么定律。支持这种想法的人说，我们最多也就能做到这个样子。这是范式的变化，是一个关于声明从一开始就具有科学性的观点的转变。如果你不打算接受多重宇宙，不打算接受新科学，那你就是在阻碍进步，已经落后于时代，毫无希望，马上会成为故纸堆里的老古董。

反对这种思想的人则会说，多重宇宙中的任何概率都无法计算，因为所有概率都有无穷多的例子，在无穷大之间进行比较毫无意义。倒也有可能，但想这么做的话得有个数学模型——一个概率分布（或"衡量标准"）来告诉你怎么让这些无穷大任人摆布。但是这个概率分布又从何而来？要有这个概率分布，你就得有另一个理论，在这个意义上，你可能也会试图找到一种理论，并不会一开始就出现这些不可观测的宇宙。

102

支持多重宇宙的人回答说，这不是可以选择的。如果我们生活的世界是所有可能的世界中最好的一个，其他那些世界呢？不能就这么忽略了。这不是我们凭空捏造的，是我们的理论强迫我们接受。不是我们自己，而是数学迫使我们这么做。数学从不撒谎。他们说，我们只是客观的优秀科学家。如果你们反对这些见解，你就是不想相信，是在拒绝接受不合时宜的逻辑结论。

于是就这么唇枪舌剑了20年。

我们没有理由相信，在宇宙学视界之外，宇宙就结束了；也没有理由相信，明天开始我们就会发现，在我们今天能看到的范围之外，没有更多星系。但是，与我们周围类似的星系分布究竟延伸了多远，没有人知道——也没有人能知道。我们甚至都不知道，空间到底是无限延伸的，还是会最终回到自身封闭起来，成为半径比我们现在看得见的范围大得多的有限、封闭的宇宙？

　　我们所知道的宇宙延续性的问题并没有争议，也不是通常所说的"多重宇宙"。真正意义上的多重宇宙所包含的区域，跟在我们周围观测到的截然不同。今天，理论物理学家相信，他们的理论从逻辑上能得出很多不同类型的多重宇宙：

1.永恒暴胀

　　我们对早期宇宙的理解很有限，因为对于物质在比我们迄今探测过的温度和密度都更高的条件下的表现，我们所知甚少。但是可以将我们的理论 —— 标准模型和协调模型外推，假设这些理论还会以同样方式起作用。如果我们将物质的表现外推到越来越早期的宇宙中，我们就必须一起推断时空的表现。

　　目前对早期宇宙最广为接受的推断是，宇宙曾经历过一个快速膨胀期，叫作"暴胀"时期。导致暴胀的是一种新的场，叫作"暴胀场"，其作用就是加速宇宙膨胀。暴胀场就跟暗能量一样把这个宇宙撑大，但速度要快得多。暴胀结束时，暴胀场的能量变成了标准模型中的粒子和暗物质。从那时候起，宇宙的历史就跟我们在第4章讨论过的一样了。

　　有些证据支持暴胀理论，但这样的证据并不多。尽管如此，物理学家还是将这种外推手法进一步外推，得到了所谓的"永恒暴胀"。在永恒暴胀中，我们的宇宙家园只是很大（实际上是无限大）的空间中的一小块。这个空间在暴胀，也会永远暴胀下去。但因为暴胀有量子涨落，会出现暴胀结束的气泡，如果这样一个气泡变得足够大，就可以在其中形成星系。我们这个宇宙就包含在这样一个气泡中。在我们这个气泡之外，空间仍然在暴胀，随机发生的量子涨落也会接着生成别的气泡宇宙，永远如此。这些气泡就形成了多重宇宙。多重宇宙的支持者说，如果你相信这个理论是正确的，那别的宇宙必定跟我们这个一样真实。

永恒暴胀的想法几乎跟暴胀本身一样久远。最早的暴胀模型出现于1983年，永恒暴胀作为意料之外的附带结果也随之出现[1]。但永恒暴胀直到20世纪90年代中期才引起关注，因为研究弦论的人发现这个理论很有用处。今天人们仍在研究的暴胀模型，尽管并非全部，大部分都会归结到多重宇宙[2]。

在永恒暴胀的多重宇宙中，随机量子涨落会带来无数次复现，因此任何能发生的事情最终一定会发生。永恒暴胀因此意味着，在某些宇宙中，人类历史将以任何符合自然定律的方式展开。在有些这样的宇宙中，这应该对你有意义。

2.弦论景观

研究弦论的人希望发现一种万有理论，能同时包括标准模

---

1. 永恒暴胀最早于1983年由保罗·斯坦哈特和亚历山大·维连金（Alexander Vilenkin）提出。几年之后，艾伦·古思（Alan Guth）和安德烈·林德提出了另一种不同模型。
2. 可参见 Mukhanov V. 2015. *Inflation without selfreproduction*. Fortschr Phys. 63 (1). arXiv: 1409.2335 [astro-ph.CO].

104 型和广义相对论。但从20世纪80年代末开始，有个情况越来越清楚，就是这个理论无法预测我们在标准模型中会有哪些粒子、场和参数。相反，弦论给出的是多种可能的总体景观，在这个景观中，每一点对应一个形成的弦论，各自有着不同的粒子、不同的参数和不同的自然律。

如果你相信弦论就是终极理论，那无法做出预测就是个大问题：这意味着弦论无法解释为什么我们观测到的是这个特殊的宇宙。因此，要让终极理论与无法预测相一致，弦论家们就不得不承认景观中的任何可能的宇宙都有着和我们宇宙一样的存在权。于是我们生活在多重宇宙中，而弦论景观便与永恒暴胀轻易融合了。

3. 多世界诠释

多世界诠释是量子力学的一个版本（详见第6章）。在这一诠释中，量子力学所预测的诸多概率并不是仅有其中一种得以实现，而是所有的概率都实现了，只不过是在各自的宇宙中。我们移除了量子力学的测量过程只挑出一个特定结果的假设，就得到了这一现实图景。我们又一次看到，是对数学的依赖和对简洁的渴望，带来了多重宇宙。

量子力学多世界诠释跟弦论情形中多个不同的世界并不一样，因为多世界的存在并不需要粒子类型在不同宇宙间有所变化。当然也有可能，将这些不同的多重宇宙结合为更大的多重宇宙[1]。

4.数学宇宙

数学宇宙把终极理论的主张发挥到了极致。既然描述我们这个宇宙的任何理论都要求从所有可能的数学模型中选一部分出来,终极理论不能说只有哪个特定选择才是正确的,因为那样就得有另一个理论来解释这一选择。因此,逻辑结论一定是,[105]唯一的终极理论是所有数学都在其中的理论,这样就形成了多重宇宙,在这个多重宇宙中,−1的平方根就跟你我一样真实。

所有可能数学结构都存在其中的数学宇宙思想是马克斯·泰格马克于2007年提出的[2]。这个宇宙囊括了所有其他多重宇宙。这一思想尽管在哲学家中间较为流行,大部分物理学家却视而不见。

这一清单可能会让人觉得,多重宇宙是个大新闻,但这里边唯一的新鲜事是,物理学家坚决相信多重宇宙是真的。任何理论都要输入观测结果来确定参数或选择公理,因此如果没有输入,任何理论都会带来多重宇宙。对此你大概会说:"好吧,这些有可能的选择全都必定存在,因此这些选择就形成了多重宇宙。"如果目标是构建能无中生有解释万物的理论,那这个理

1. Bousso R, Susskind L. 2012. *The multiverse interpretation of quantum mechanics.* Phys Rev D. 85:045007. arXiv:1105.3796 [hep-th].
2. Tegmark M. 2008. *The mathematical universe.* Found Phys. 38:101–150. arXiv:0704.0646 [gr-qc].

论的预测最终一定会变得模棱两可，多重宇宙也因此无法避免。

举个例子，牛顿可以不只是测量引力常数，而是提出对每个可能的数值必定都有一个宇宙。爱因斯坦也满可以提出，广义相对论方程的所有解都必定存在于宇宙中某处。对每一个理论，你都能造出个多重宇宙来 —— 你只需要扔掉足够数量的假设，或是解除理论与观测结果的关联。

因此，多重宇宙风潮源于某些物理学家不再满足于描述观测结果的理论。他们试图超越自己，于是抛弃了太多假设，然后得出我们生活在多重宇宙中的结论，因为他们除此之外什么都解释不了。

但也说不定我就是个老古董，等着被埋进故纸堆。

科学的目标是描述我们对自然界的观测结果，但一个理论的预测在脱胎之前会孕育很久。因此我认为，认真对待多重宇宙，而不是像我那样觉得这些理论不过是数学把戏，也许最终会带来新的认识。接下来的问题就可以归结为，在这些思想中到底有多大可能会产生新认识，而这又让我回到了让我不远千里而来的那个问题：对于一个没有观测证据支持的理论，我们该如何评估其前景？

并不是所有这些多重宇宙理论都完全无法检验。比如在永恒暴胀中，我们这个宇宙过去也许和别的宇宙碰撞过，这样一起"气泡对撞"应该会在宇宙微波背景中留下可观测的信号。我们已经找了很久，但还没有找到。这个结果并没有排除多重宇宙，但是排除了曾发生过这种碰撞的可能。

另一些物理学家提出，有的多重宇宙理论可能会让我们这个宇宙中存在一个小型黑洞的概率分布，其影响可能很快就能观测到[1]。但就算多重宇宙的预测并未实现，也只是意味着我们需要一个让未被观测到的现象不可能出现的概率分布，所以我们还是看看能奏效的分布好了。这个方法用在宇宙学中，就跟通过扔掉其他所有书来试着读懂《战争与和平》一样有前途。但是我也承认，至少他们在尝试。

现有的预测表明，多重宇宙原则上可以用实验来检验，但这些检验只适用于某些极为特别的场景。绝大部分多重宇宙的想法目前都还无法检验，而且也会永远如此。

既然被禁止转动科学的车轮，有些理论物理学家就只能用自己的方法来评估理论了：打赌。宇宙学家马丁·里斯（Martin Rees）拿自己的爱犬打赌说多重宇宙是对的，安德烈·林德（Andrei Linde）则赌上了自己的性命。史蒂文·温伯格则称："我对多重宇宙的信心只够让我赌上安德烈·林德和马丁·里斯家的狗这两条性命。"[2]

---

1. Garriga J, Vilenkin A, Zhang J. 2016. *Black holes and the multiverse*. JCAP 02:064. arXiv:1512.01819 [hep-th].
2. Weinberg S. 2005. *Living in the multiverse*. Talk presented at Expectations of a Final Theory, Trinity College, Cambridge, UK, September 2005. arXiv:hep-th/0511037.

宇宙扑克

自然性原则备受压力时，多重宇宙理论却变得越来越流行了。如今，物理学家把其中一个当成另一个的备用品。缘于这么个理由：如果对一个数字，我们无法找到自然的解释，我们就说 107 没有解释。随便选一个参数也太丑陋了。因此，如果这个参数不自然，那就可以取任意值，而对任何一个可能的值，都有一个宇宙。这样就得出了一个古怪的结论：如果在大型强子对撞机中没有见到超对称，那我们就是生活在多重宇宙中。

我不敢相信，这个曾经万众景仰的职业变成了这个样子。理论物理学家曾致力于解释观测结果。而今他们则试图解释，为什么他们无法解释没有观测到的现象。他们可不擅长这事儿。在多重宇宙中，你无法解释参数的值，最多也就能估计其可能性。但想要不解释，办法可就太多了。

"那么，"我对温伯格说道，"如果我们是生活在多重宇宙中，要求这个理论足够有趣，或是能带来足够有趣的物理学，难道不是很空洞吗？随便哪个理论，只要不预测参数，都能做到这一点。"

温伯格说："这个嘛，你总得预测点儿什么啊。就算不预测参数，你也可以预测参数之间的关系。或者你也可以用某些理论来预测参数，就像标准模型，但是比标准模型还要强大得多，实际上都能告诉你电子的质量等等，这样要是你问起来：'这个理论为什么正确？'你就说：'哦，我们最多也就能走到这一步，没法再往前走了。'"

他接着说道："我不打算着急忙慌地为好的理论应是什么样子设定清晰的标准。但我肯定可以告诉你，一个**更好**的理论应是什么样子。比标准模型更好的理论，应该必然会有六种夸克和六种轻子，而不是八种或四种。标准模型里面有太多看起来特武断的地方，更好的理论能让这些地方不那么武断，或是变得一点儿都不武断。"

"但我们不知道，在这个方向我们能走多远。"他又接着说，"我不知道在现有基础上，基本粒子物理学能提高多少。我确实不知道。我想，继续尝试，继续做实验很重要，继续建造大型仪器也很重要……但我不知道最终会落个什么下场。我希望不要在现在的位置停下来。因为我觉得现在这个样子没法让人完全满意。"

108

"最近来自大型强子对撞机的数据有没有改变您对更好的理论该是什么样子的看法？"我问道。

他回答道："没有，很遗憾！没有。很让人失望。有迹象表明，在六倍于希格斯粒子质量的能量级上，可能会有新的物理学[1]。要是那样的话就厉害了。但我们的希望是，大型强子对撞机能揭示一些真正的新东西。不是接着证实标准模型，而是找到暗

---

1. 指双光子异常。

物质或是超对称的迹象，再或者是能让基础物理向前迈进一大步的东西。但是这些都没发生。"

我说："我的理解是，大型强子对撞机应该有新发现的希望，很多都是基于自然性论据，要让希格斯玻色子的质量是自然的，在这个范围内就应该也有新的物理学。"

"大型强子对撞机在标准模型之外没有任何发现，这一事实表明任何东西都不能解决自然性问题。对此，任何负面结论我都不会当真。我们所能做的，只是排除特定理论，但还没有哪个特定理论那么有魅力，让你一排除这个理论就能说，我们真的取得了某项成就。超对称理论还没被排除在外，因为它预测的东西都太模糊了。"

"如果有一个基本理论，你会认为这个理论必须是自然的吗？"我问道。

"是的，因为要不然的话，我们可不会对这个理论有兴趣。"他接着解释道，"我说的'自然'不是某些试图限制现有理论的粒子物理学家对自然性的严格定义，而是指没有完全出乎意料的相等，也没有巨大的比值。"

他顿了顿，又接着说道："但是我说成功的理论必须自然的时候，可能我回答得太快了，因为有的内容可能没来得及解释：在有很多个不同宇宙的多重宇宙中，这样的理论可能纯粹由环

境决定。就好像以前天文学家都认为，成功的太阳系理论应该
让水星、火星和金星的位置都自然而然。开普勒就曾尝试以涉
及柏拉图立体的几何图景为基础，构建这样一个理论出来。"

"但现在我们知道，我们不应该去找这样的理论，因为行
星和太阳之间的距离没有任何自然之处：之所以是这样的距离，
只是因为历史上的偶然。"他补充道，但也有些情形，"比如水
星自转周期是其轨道周期的三分之二，这个数字可以用太阳作
用在水星上的潮汐力来解释。"

"所以有些事情是可以解释的，但一般来讲，我们在太阳系
中看到的，都只不过是历史上的偶然。而开普勒或是他之前的
克劳狄乌斯·托勒密（Claudius Ptolemy），他们这样的天文学家
希望找到的自然解释，都必须放弃。就是这样。"他顿了顿，又
补充道："对电子质量的问题，我希望不是这么回事。"

我问道："所以，撇开严格定义不谈，自然性的意思就是没
有无法解释的参数？"

温伯格说："有些事情亟须解释。比如2比1的比例，或者某
个数比另一个数小15个数量级。你只要看到，就会觉得必须解
释清楚。自然性只是意味着，理论对这些问题有所解释，而不是
引入这些数字只是为了跟实验吻合。"

"这里面也有经验价值，是吗？"

温伯格说道："哦，是的，有些事情你预计会有自然解释，但有些事情你不觉得。"

接着他举了个例子："就好像你在跟人玩德州扑克，连着三次都摸到同花大顺，你大概会说：'嗯，这得用发牌人想达到什么目的来解释。'但是，如果你拿到的三手牌，是我们基本上都会叫作散牌的——黑桃 K、方块二，等等，而且这三手牌全都不一样，那就没什么特别之处。没有哪一手是能赢的牌，你大概会说，没什么需要解释的。对此我们不需要有自然的解释，其概率完全跟任何一手别的牌一样。但要是你连续抓到同花大顺，还是会有亟须解释之处。"

在温伯格的游戏中，自然定律就是纸牌，或者更准确地说，我们目前使用的定律中的参数就是纸牌。但我们从来不是在玩这个游戏，也从来都不可能是。我们被发了一手牌，不知道为什么这么发，也不知道是谁发的。对于我们会在自然定律中得到同花大顺的概率，或者这样的同花大顺是否很特别，我们都一无所知。我们不知道游戏规则，也不知道胜算几何。

我说："这取决于概率分布。"我试图阐述清楚我的困境：任何关于自然定律的可能性的陈述，都需要另外一条定律，一条关于可能性的定律的定律。简洁会偏好只有一个固定参数的理论，而不是该参数在多重宇宙中的某种概率分布。

温伯格重复了一遍："嗯，拿到梅花二、方块五、红桃七、红桃八和红桃 J 这么一手牌的概率，跟拿到黑桃 A、K、Q、J、10 的概率完全一样。两手牌是同样的概率。"

我想给扑克的比喻找到一个关于概率分布的说法，于是说道："如果发牌的人童叟无欺。"但这个拟人化的例子让我觉得不大自在。我没法摆脱这样一种印象，就是我们只是在试着猜出上帝玩牌的规则，好知道选中的自然定律是公平的，希望上帝也许弄错了，我们理应拥有一个胶子质量更小的宇宙。

"对。"温伯格回答了我的评论，就着扑克的比喻继续说了下去，"但是对不同的牌，人类相应赋予的价值并不相同 —— 这手牌会赢，那手牌赢不了，因为这就是扑克的规则。所以你开始注意跟你一起玩牌的人什么时候拿到了同花大顺，而这个人 [111] 拿到非常普通的一手牌的时候，你就不会那样关心。但实际上，普通的某一手牌跟同花大顺都同样几乎不可能。是因为人类的心性，我们才会看到同花大顺就说：'嗯，这手牌要赢。'也因此引起了你的注意。"

是的，巧合会吸引我们的注意力，这是人类的心性，就像规范耦合统一，或是面包片从烤面包机里弹出来，上面画了个圣母玛利亚。但我不明白，为什么这种人类心性在发展更好的理论时会大派用场。

"我举这个例子是为了同意你。"温伯格说（让我越发迷糊了），"如果你对扑克的规则一无所知，你可能也就不知道，一手同花大顺跟别的哪手牌比起来有什么特别。是因为我们知道扑克的规则，所以同花大顺才显得特别。这就是经验价值。"

但对宇宙扑克我们没有任何经验！我想着，也觉得很痛苦，因为我还是不明白，这一切都跟科学有什么关系。我们没办法知道，我们观测到的自然定律是否可能 —— 没有概率分布，也没有概率。为了能确定这些定律是否可能，我们需要另一个理论，而这个理论又从何而来呢？[1] 如果温伯格，在我看来是在世的物理学家中最伟大的一位，都没法告诉我的话，还有谁能告诉我呢？于是我又问道："那关于这些参数的概率分布，我们又知道些什么呢？"

"啊，这个嘛，你得有个理论来计算。"

正是如此。

要计算多重宇宙中的概率，我们必须考虑到，我们这个宇宙存在生命。这话听起来很明显，但并非任何只要有可能的自然定律都能创造出足够复杂的结构，因此，正确的定律必须满足某些要求，比如说，能产生稳定的原子，或类似于原子的东西。这个要求叫作"人存原理"。

人存原理通常并不会得出精确的结论，但在特定理论中，

---

1. 在多重宇宙中，这个问题叫作"测量问题"。可参见 Vilenkin A. 2012. *Global structure of the multiverse and the measure problem*. AIP Conf Proc 1514 : 7. arXiv:1301.0121 [hep-th].

这个原理能让我们估算该理论的参数有哪些可能的取值，与存 112 在生命这一观测结果不矛盾。这就好比你看到一个人走在街上，手里拿着一杯星巴克，你就会认定这部分街区的条件必须允许一杯星巴克出现。你可能会下结论说，最近的星巴克多半在1英里（1英里≈1.61 km）半径之内，也有可能是在5英里内，几乎可以肯定是在100英里范围内。不是很精确，可能也没多大意思，但这个原理仍然能告诉你一些关于周围环境的事实。

你可能会觉得人存原理是个又傻又无聊的真理，但可以用来排除特定参数的某些取值。比如说，如果我看到你每天早上自己开车上班，我可以下结论说，你年龄肯定够领驾照了。你也可能是冥顽不灵视法规如无物，但宇宙可不会这么干。

但我还是得警告你，援引跟人存原理或微调有关的"生命"是一种常见的文饰，但也属多此一举。物理学家跟有自觉意识的生物的科学没多大关系。物理学家谈论的是星系形成、恒星开始燃烧，或者原子的稳定性，这些都是生物化学发展的前提条件。但别指望物理学家会讨论大分子。谈论"生命"可以说更引人入胜，但也仅此而已。

人存原理的第一次成功运用是在1954年，弗雷德·霍伊尔用来预测碳原子核的性质。要让碳原子能在恒星内部形成，就必须有这些性质；而后来的发现也与预测一一吻合[1]。据说霍伊

---

1. Hoyle F. 1954. *On nuclear reactions occurring in very hot stars. I. The synthesis of elements from carbon to nickel.* Astrophys J *Suppl Ser.* 1:121.

尔利用了碳是地球生命的核心这一事实，并因此认定恒星必须
能产生碳。有的历史学家怀疑，这到底是不是霍伊尔的推理，但
这件事本身已经表明，人存论据可以得出有用的结论[1]。

　　因此，人存原理是对我们理论的限制，要求我们的理论必
须跟观测结果一致。无论是否存在多重宇宙，也无论对我们理
113　论中的参数值做什么样的根本解释（如果能解释的话），人存原
理都是正确的。

　　支持多重宇宙的人经常拿人存原理说事儿的原因是，他们
声称这是唯一的解释，选择我们观测到的参数也没有别的根本
原因。但接下来需要证明，如果要求生命存在，我们观测到的参
数值就确实是唯一可能的取值（或至少也是极为可能的取值）。
对此争议非常大。

　　人存原理解释多重宇宙中参数值的典型说法是这样的：如
果某参数稍微大一点或稍微小一点，我们就无法存在了。有不
少例子都是这种情形，比如强相互作用的强度，如果变弱一点，
大原子就无法结合在一起；如果变强一点，恒星就会较快燃尽[2]。
这样论证的问题在于，在 20 多个参数中挑一个出来稍微变化一
下，忽略了大量可能的组合。你可能真的必须考虑独立修改所

1. Kragh H. 2010. *When is a prediction anthropic? Fred Hoyle and the 7.65 MeV carbon reso-nance.* Preprint. http://philsci-archive.pitt.edu/ 5332.

2. 可参见 Barrow JD, Tipler FJ. 1986. *The anthropic cosmological principle.* Oxford, UK: Oxford University Press; Davies P. 2007. *Cosmic jackpot: why our universe is just right for life.* Boston: Houghton Mifflin Harcourt.

有参数，才能下结论说，只有一种组合支持生命形成。但目前这样子的计算还做不到。

尽管现在我们无法检视整个参数空间，来找出都有哪些组合或许能支持生命存在，但至少我们可以试试其中几种。这些工作已经完成，也正因此，现在我们认为，不止一种参数组合能创造出适合生命的宇宙。

例如，罗尼·哈尔尼克（Roni Harnik）、格雷厄姆·克里布斯（Graham Kribs）和吉拉德·佩雷斯（Gilad Perez）发表于2006年的论文《没有弱相互作用的宇宙》中提出的一种宇宙，似乎也能产生让生命存在的前提条件，但基本粒子与我们这个宇宙中的完全不同[1]。2013年，哈佛大学的亚伯拉罕·洛布（Abraham Loeb）指出，宇宙早期可能存在原始形式的生命[2]。弗雷德·亚当斯（Fred Adams）和埃文·格罗斯（Evan Grohs）也在最近证明，如果同时改变我们理论中的某些参数，那么在霍伊尔预测的机制之外，还会有好几种让恒星产生碳的方式，只是这些方式与霍伊尔已知的观测结果相冲突[3]。

这三个例子表明，复杂到足以形成生命的化学物质，可以在跟我们所经历的完全不同的环境中产生，我们的宇宙也没有

---

1. Harnik RD, Kribs GD, Perez G. 2006. *A universe without weak interactions*. Phys Rev D. 74:035006. arXiv:hep-ph/0604027.
2. Loeb A. 2014. *The habitable epoch of the early universe*. Int J Astrobiol. 13(4):337–339. arXiv:1312.0613 [astro-ph.CO].
3. Adams FC, Grohs E. 2016. *Stellar helium burning in other universes: a solution to the triple alpha fine-tuning problem*. arXiv:1608.04690 [astro-ph.CO].

114　那么特别[1]。然而对有的参数来说，人存原理仍然有效，只要这个参数的影响跟其余参数的影响基本上不相干。也就是说，即使我们不能用人存原理来解释所有参数的取值，因为我们知道，还有别的组合允许生命的前提条件出现；但还是有些参数可能在任何情况下都得取同样的值，因为这些参数的影响是普遍的。宇宙学常数通常被认为是属于这种类型[2]。如果这个常数太大，那么，要么宇宙中所有结构都会被撕裂，要么在恒星有机会形成之前，宇宙就重新坍缩了（取决于常数的符号）。

但是，如果我们是想导出概率，而不是得到限制，我们还是需要可能理论的概率分布，而且这个分布不能来自理论本身，要有额外的数学结构，一个元理论，来告诉我们每个理论都有多大可能。这跟自然性面对的是同一个问题：尝试摆脱人类选择的结果，只不过是把人类选择换到了别的地方。而且两种情形中，你都必须增加不必要的假设 —— 概率分布；如果就用一个固定参数，这种假设是可以避开的。

基于多重宇宙的预测中，最有名的要数宇宙学常数了，而且提出这个预测的不是别人，正是史蒂文·温伯格[3]。这个预测可以追溯到1997年，当时弦论学家刚刚认识到，在他们的理论

---

1. 我觉得并不奇怪。有数十个非线性相互作用的成分的理论产生了复杂结构，我希望这是个规律而非例外。

2. 唐纳德·佩奇（Don Page）对此表示反对，见 Page DN. 2011. *Preliminary inconclusive hint of evidence against optimal fine tuning of the cosmological constant for maximizing the fraction of baryons becoming life*. arXiv:1101.2444.

3. Martel H, Shapiro PR, Weinberg S. 1998. *Likely values of the cosmological constant*. Astrophys J. 492:29. arXiv:astro-ph/9701099.

中，一定会出现多重宇宙，无法避免。温伯格的论文极大促进了学界将多重宇宙作为科学思想接受下来。

温伯格说：“我跟这里天文系的两个人，保罗·夏皮罗（Paul Shapiro）和雨果·马特尔（Hugo Martel），几年前写了篇文章。我们在关注一个特殊的常数，就是宇宙学常数。最近这几年，人们通过它对宇宙膨胀的影响，测量了这个常数[1]。”

115

“我们假设概率分布是完全平坦的，常数的所有取值概率都相等。然后我们就说：‘我们看到的有其倾向，因为必须有个取值允许生命演化。那有倾向的概率分布是什么样子的呢？’我们计算了概率曲线，然后问道：‘最大值是什么？最可能的取值是什么？’结果表明，最可能的取值非常接近宇宙学常数的值，而一年之后人们测到了这个值[2]。”

“所以，你可以说，”温伯格解释道，“如果你有个基本理论，预测了大量各自独立的大爆炸，其中暗能量的取值也各不相同，对宇宙学常数则有个固有的概率分布是平坦的 —— 随便哪个取值都跟别的取值没有两样，那么生物体希望看到的就正是他们真正看到的。”

---

1. 截至1998年。
2. 关于宇宙学常数不等于零而是个正值的传言大约早在此十年前就已经有了，这些传言基于其他观测，但并非确定性结论。可参见 Efstathiou G, Sutherland WJ, Maddox SJ. 1990. *The cosmological constant and cold dark matter*. Nature 348:705–707; Krauss LM, Turner MS. 1995. *The cosmological constant is back*. Gen Rel Grav. 27:1137–1144. arXiv:astro-ph/9504003. 温伯格甚至更早就考虑过用人存原理来解释宇宙学常数，见 Weinberg S. 1989. *The cosmological constant problem*. Rev Mod Phys. 61(1):1–23.

　　我想，或许也可以说，多重宇宙只是个数学工具。就跟内部空间一样。至于究竟真不真实，这个问题可以留给哲学家。

　　我把这个想法翻来覆去想了一阵，但还是想不明白，去猜某个参数的概率分布怎么就比去猜这个参数本身要好。除了前一个猜测可以发表文章，因为涉及计算，而后一个猜测显然不是科学。

　　"我得说，我们都聊了半个多小时啦，我嗓子都哑了。"史蒂文·温伯格边说边咳，"我感觉我想说的都已经说到了，我们能不能说得简短一点？"

　　我想，这时候礼貌的做法就是说声谢谢，然后走人。

解放不和谐音

　　我得说我并不是十二音音乐的爱好者，但我也得承认，我并没有花多少时间去听这种音乐。一位名叫安东尼·托马西尼（Anthony Tommasini）的音乐评论家，曾经花了很多时间在这上面。在2007年录给《纽约时报》的一段视频中，他谈到在阿诺德·勋伯格（Arnold Schoenberg）作品中的"解放不和谐音"，而这位作曲家就是十二音技法的发明者[1]。勋伯格的创新可以追溯到20世纪20年代，70年代也在职业音乐家中小小地

---

1. Johnson G. 2014. *Dissonance: Schoenberg*. New York Times, video, May 30, 2014. www.nytimes.com/video/arts/music/100000002837182 /dissonance-schoenberg.html.

风行过一阵，但从未得到更大范围的关注。

托马西尼说："如果你以一种刺耳、贬损、负面的方式去评价，认为勋伯格的音乐是不和谐音，勋伯格肯定会难过得很。他认为，他是在让生命变得充实、丰富、复杂……比如，这一段钢琴曲来自第19号作品，非常不和谐，但是很精巧，很华丽。"他弹了几小节，然后又给了个例子。"你可以用C大调来让这段旋律变和谐，"托马西尼展示了一下，显然很不满意，"跟勋伯格弹的比起来真是太没劲了。"他回到十二音的原版。"啊，"托马西尼深呼一口气，又弹了另一个不和谐的和音。对我来说听起来就像猫从键盘上走过一样。

但如果我听十二音音乐听得够多，说不定我听到的就不再是嘈杂，而会开始认为这很"精巧"，是一种"解放"，就跟托马西尼一样。沃斯和克拉克证明，音乐的诉求在一定程度上是普遍的，这反映在他们所发现的与音乐类型无关的复现上。其他研究人员发现，也有部分原因跟我们在成长过程中受到的教育有关，这塑造了我们对和谐音和不和谐音的反应[1]。但我们也喜欢新奇。那些以贩卖新创意为生的专业人士，则会抓住机会，打破耳熟能详中的无聊。

在科学中也同样如此，我们对美和简洁的感知，部分是普遍的，部分则来自所受教育。还是跟音乐领域中一样，我们在科

1. McDermott JH, Schultz AF, Undurraga EA, Godoy RA. 2016. *Indifference to dissonance in native Amazonians reveals cultural variation in music perception.* Nature 535:547–550.

学中认为可以预测，结果还是被惊讶到了的事情，取决于我们对方法有多熟悉；在工作中，我们对新奇越来越能容忍。

确实，我读到多重宇宙的内容越多，就越觉得这些思想有点意思。我明白，这对于如何认识我们自己在这个世界上的重要性（或是没什么重要性）来说，是个极为简单但也极为深远的转变。也许泰格马克是对的，而我只是对逻辑结果有情感上的偏见。多重宇宙真的解放了数学，让生命变得充实、丰满和复杂。

如果有诺贝尔奖获得者为这种思想背书，也没什么坏处。

本章提要

- 理论物理学家以简洁、自然性和优雅为标准来评估理论。
- 但现在自然性标准与观测结果相矛盾，很多物理学家认为，唯一能替代"自然"定律的是，我们生活在多重宇宙中。
- 但自然性原则和多重宇宙都要求有个元理论来量化我们观测到这样一个世界的概率，而这又与简洁原则相冲突。
- 目前还不清楚，自然性原则和多重宇宙理论究竟是想解决什么问题，因为要解释观测结果，两者均非必须。
- 人们并非普遍认为多重宇宙很美，这表明美感会变化，也确实在变化；多重宇宙如此流行，并非仅用美就能解释。

第 6 章
量子力学竟然可以理解？

我思考着数学和魔法的不同之处。

一切都很神奇，没人觉得欢喜

量子力学非常成功。这一理论以最高的精度解释了原子世界和亚原子世界。我们上上下下、里里外外检验了这个理论，没有发现任何问题。量子力学总是正确、正确、仍然正确。但尽管如此，也许也正因为如此，没有人喜欢量子力学。我们只是习惯了量子力学[1]。

在 2015 年发表于《自然物理》的一篇评论中，桑杜·波佩斯库（Sandu Popescu）称，量子力学的公理"非常数学化""物理上晦涩难懂"，而且"跟其他理论比起来，一点儿都不自然、直观和'物理'。"[2] 他表达了一种共同的看法。因量子计算方面的成就而知名的赛思·劳埃德（Seth Lloyd）也认为"量子力学

---

1. 本节标题转述了喜剧演员路易·西奇（Louis C. K.）的话，他说："现在一切都很神奇，但没人觉得欢喜。"*Louis C. K. everything is amazing and nobody is happy.* YouTube video, published October 24, 2015. www.youtube.com/watch?v=q8LaT5liwo4.
2. Popescu S. 2014. *Nonlocality beyond quantum mechanics.* Nature Physics 10：264–270.

就是反直觉的"[1]。史蒂文·温伯格则在他《量子力学讲座》一书中警告读者："量子力学的思想与普通的人类直觉背道而驰。"[2]

119　并不是说量子力学在技术上非常困难 —— 并非如此。广义相对论的方程非常难解，量子力学用到的方程则完全相反，有很简单的解法。是的，并不是因为难 —— 而是因为量子力学感觉起来就不对。很让人不安。

这种感觉从波函数开始就有了。波函数是用来描述你所处理的系统的数学工具。这个函数经常被看成是系统的状态，但棘手之处也在这里，波函数本身并不能被任何能想到的测量手段观测到。波函数只是一个中介，由此出发我们能算出观测到某可观测物的概率。

然而这意味着，在观测之后波函数必须更新，让观测到的状态现在的概率变成1。这个更新操作（有时候也叫作"坍缩"）是即时的，无论波函数延伸了多远，坍缩对整个波函数来说都是在同一时刻发生。如果波函数散布在两个岛屿之间，测量其中一端的状态就能决定另一端的概率。

这可不是思想实验，已经有人这么做了。

1. 引自 Wolchover N. 2014. *Have we been interpreting quantum mechanics wrong this whole time?* Wired, June 30, 2014.

2. Weinberg S. 2012. *Lectures on quantum mechanics.* Cambridge, UK: Cambridge University Press.

2008年夏天，奥地利物理学家安东·蔡林格（Anton Zeilinger）的团队聚集在加那利群岛，想要打破长距离量子效应的世界纪录[1]。在拉帕尔玛岛上，他们用激光器产生了19 917对光子对；每对的总偏振均为零，但每个光子各自的偏振未知。研究人员将每对中的一个光子发射到144 km之外特内里费岛上的接收器，剩下的这个光子则在拉帕尔玛岛上盘起的光纤中回旋了6 km。随后，实验人员测量了两端的偏振。

我们知道总偏振，因此测量其中一个光子的偏振，能告诉我们关于另一个光子的偏振的一些信息。我们得知的信息有多少，取决于两个探测点的探测器测量偏振所用的方向夹角是多少（如图9所示）。如果我们在两个地方以同样角度测量偏振，那么测得的其中一个光子的偏振就能告诉我们另一个光子是如何偏振的。如果我们在两个地方以正交的两个方向来测量偏振，那么测量其一没法给我们带来其二的任何信息。当夹角处于0°到90°之间时我们所知甚少，两个测量结果一致的概率量化了我们了解的程度。

没有量子力学我们也能计算这一概率：假设粒子形成时已经有固定的偏振。但这样计算的结果跟测量结果并不相符，说明这么假设是错的。对有些角度，偏振测量结果的一致性比本应有的程度要高。似乎即便隔开了144 km，这些粒子之间的关联还是比共同起源所能解释的更高。只有在量子力学框架下

1. Scheidl T et al. 2010. *Violation of local realism with freedom of choice.* Proc Natl Acad Sci USA. 107:19708. arXiv: 0811.3129 [quant-ph].

计算时，结果才会正确。我们必须承认，在测量之前，粒子既非这样偏振也非那样偏振，而是两者兼而有之。

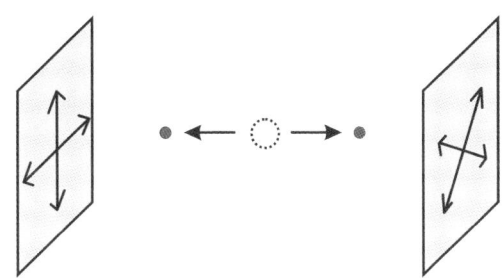

图9　文中论及的实验示意图。原始状态的总偏振为零（虚线圆圈）衰变为两个粒子，两者的偏振之和必须为零。随后在两个探测器（灰色平面）上，用成一定角度的两个方向测量了两个粒子各自的偏振。

蔡林格在加那利群岛的实验证明，要正确描述观测结果，我们必须接受未被观测的粒子可以同时处于两种不同状态。这并非第一个这样的实验，也不会是最后一个。尽管这个实验在当时创造了距离上的世界记录，还是有大量别的实验也证明了同样的事情：量子力学也许很古怪，却是正确的。无论喜不喜欢，我们都无法离开量子力学。

波函数在我们测量时就坍缩了，这一情况尤其令人恼火，因为我们知道的其他任何过程都不是即时的。在其他所有理论中，如果两个地方之间有关联，就意味着得有什么以低于光速的速度在两地之间运动。这样随着时间流逝逐渐蔓延的现象叫作"定域性"，跟我们的日常经验是一致的。但量子力学搅乱了我们的预期，因为纠缠在一起的粒子之间的联接不是定域的。测量其一，另一个就会马上知道。爱因斯坦称之为"幽灵般的超距作用"[1]。

但是，量子力学的非定域性也非常微妙，因为相互纠缠的粒子之间并不能交流信息。偏振的测量结果无法预知，因此没办法利用这些光子对来从一端向另一端发送信息。在量子力学中也无法以比光更快的速度发送信息，这一点跟非量子力学一样。一切都在数学上内在一致，只是看起来很古怪。

量子力学另一个让人生厌的方面是，因为提及测量，等于假定宏观物体如探测器、计算机、大脑等是存在的，这对还原论是个打击。基本理论本应解释宏观世界如何涌现，而不是在公理中直接假设宏观世界存在。

量子场论也继承了量子力学的这些问题。因此，标准模型在解释宏观世界时有同样的困难。

为了说明宏观、非量子的世界是如何涌现的，1935年，埃尔温·薛定谔提请我们想象困在盒子里的一只猫。盒子里有一种机制，当被一个衰变原子触发时，就会释放毒素，杀死这只猫。原子衰变是个量子过程，因此，如果这个原子的半衰期比如说是10 min，那么在10 min之内，这个原子就有50％的可能衰变。但量子力学告诉我们，在我们测量之前，这个原子既非已经衰

---

1. 如果想进一步了解，有一本很精彩的著作：Musser G. 2015.*Spooky action at a distance: the phenomenon that reimagines space and time—and what it means for black holes, the big bang, and theories of everything.* New York: Farrar, Straus and Giroux.

变，也非仍未衰变，而是这两种选项的叠加。那么薛定谔的猫会是什么状态？它是不是既活着又死了，只有在你打开盒子的那一刻才能知道猫究竟是死了还是活着，好像很荒唐。

确实很荒唐。我们从未在日常生活中观察到量子现象，这是有原因的。对大型对象，比如猫、大脑或计算机来说，量子特有的属性会很快消失。这样的对象是温暖、动荡的环境的一部分，持续的相互作用扰乱了系统各部分之间的量子联系。这种扰乱叫作退相干，即使没有测量仪器，也能将量子状态快速转换为正常的概率分布。退相干解释了为什么我们观测不到大型物体的叠加态。那只猫并非又生又死，只不过有50％的概率死了。

但退相干并未解释，测量之后概率分布是如何更新为对我们观测到的这个结果就概率为1这样一种分布的。因此，退相干解决了部分谜题，但不是全部。

必败的游戏

我还是在奥斯汀，在史蒂文·温伯格的办公室里。他刚刚跟我说他的嗓子哑了，并请求让访谈简短些。我没有理会他的问题，而是说道："我想问问您对量子力学基础的看法。您在著作中写道，很难对量子力学做出分毫改变，除非完全推倒重来。"

"对，是这样的。"温伯格说，"但是关于量子力学，我们还没有什么真正能让人满意的理论。"

他疲倦地看了我一眼，随后从桌子上拿起一本书："我可以从我关于量子力学的教科书的第二版里给你读一段。这是第3章第七节。第一版的这一节我写得很负面，后来我想了很多，于是变得更加负面了。在这里我说的是：

> 我自己的结论是，今天没有哪种量子力学诠释没有严重缺陷。这一观点并未得到普遍认同。实际上，很多物理学家都对自己的量子力学诠释感到很满意。但不同物理学家感到满意的诠释也各不相同。在我看来，我们应该认真考虑这样一种可能性：找到更能令人满意的另一个理论，而量子力学只是这一理论的良好近似。

123

我就是这么想的。我非常努力地试着找出更能令人满意的其他理论，但一无所获……很难比量子力学更进一步。但量子力学尽管并非前后矛盾，还是有很多特性我们会觉得很让人讨厌。并不是因为这里面有概率，而是这里面有什么样的概率。"

他接着解释道："如果你有个理论说，粒子四下运动，有某个概率运动到这里、那里或随便哪里，我还能忍。对于量子力学，我不喜欢的是，这是一种用来计算概率的形式主义，在人们对自然进行某种我们称之为实验的干涉时就会得到这种概率。而一个理论不应该在其假设中涉及人。你只想从基本理论的层面上来理解宏观事物，比如实验仪器或是人类，而不想看到这些宏观事物被引入到理论公理的层面上来。"

　　为了让量子力学更有魅力，物理学家想出了各种办法，来重新阐释其中的数学内容。这些办法可以分为两大类，其一是将波函数（通常用ψ来表示）视为真实事物（"ψ本体论"方法）；其二则是将波函数视为一种手法，只是用来编码我们对这个世界的认识（"ψ认识论"方法）。

　　ψ认识论方法与其说在回答问题，还不如说只是宣布这些问题毫无意义。这一大类中最著名的是哥本哈根诠释，也是教科书中用得最多的量子力学诠释（我在上一节用的也是这种诠释）。按照哥本哈根诠释来讲，量子力学是个黑匣子：我们进入实验装置，按下数学键，概率就出来了。一个粒子在被测量之前做了什么，这个问题你就不该问。换句话说就是"闭嘴去算"，这是戴维·默明（David Mermin）的原话[1]。这是一种实用主义态度，但坍缩被普遍认为是"一道丑陋的伤疤"[列夫·威德曼（Lev Vaidman）语]，让这个理论显得是"粗制滥造"[2]（马克斯·泰格马克语）。

　　有种更现代的ψ认识论诠释叫作QB主义（QBism），其中Q

---

1. Mermin ND. 1989. *What's wrong with this pillow?* Physics Today, April 1989. 而且，说这句话的人并不是费曼，见 Mermin ND. 2004. *Could Feynman have said this?* Physics Today, May 2004.

2. Vaidman L. 2012. *Time symmetry and the many worlds interpretation.* In: Saunders S, Barrett J, Kent A, Wallace D, editors. *Many worlds? Everett, quantum theory, and reality.* Oxford, UK: Oxford University Press, p. 582; Tegmark M. 2003. *Parallel universes.* Scientific American, May 2003.

代表"量子"，B代表"贝叶斯推断"，后者是计算概率的一种方法。在QB主义中，波函数是收集观察者关于真实世界的信息的手法，如果观察者进行测量，波函数就会更新。这一诠释强调，可以有掌握不同信息的多个观察者（人或者机器）。匣子仍然是黑的，但现在每个人都有自己的黑匣子。戴维·默明称之为"目前炙手可热、最有意思的游戏"，但在肖恩·卡尔罗尔（Sean Carroll）看来，这是种"'否认'策略"[1]。

而另一面的 ψ 本体论诠释则有这样的优点：在概念上更接近我们会喜欢的前量子理论；但是也有缺点：迫使我们面对量子力学的其他问题。

在导航波理论（也叫德布罗意-玻姆理论）中，非定域的导向场引导着经典粒子沿某条路径运动。尽管听起来跟量子力学完全不是一回事，实际上却是同样的理论，只是构思和阐述有所不同罢了[2]。导航波理论目前不怎么流行，因为没有像哥本哈根诠释那样普遍的表述，也不像哥本哈根诠释那样能灵活应用。但由于其解释很直观，约翰·贝尔（John Stewart Bell）认为它"又自然又简单"[3]，但约翰·波尔金霍恩（John Polkinghorne）却

---

1. Mermin ND. 2016. *Why quark rhymes with pork and other scientific diversions*. Cambridge, UK: Cambridge University Press; Carroll S. 2014. *Why the many-worlds formulation of quantum mechanics is probably correct*. Preposterous Universe, June 30, 2014. http://www.preposterousuniverse.com/blog/2014/06/30/why-the-many-worlds-formula-tion-of-quantum-mechanics-is-probably-correct/.

2. 不同的诠释同样表明，得到与哥本哈根诠释相同结果的条件可能并非总能满足，这种情况下可以通过实验来区分两者。但截至目前尚未实现。

3. Bell M, Gottfried K, Veltman M. 2001. *John S. Bell on the foundations of quantum mechanics*. River Edge, NJ: World Scientific Publishing, p.199.

说，他认为这里面有"一种不大吸引人的机会主义气息"[1]。

多世界诠释（也叫多历史诠释）则假定，波函数永不坍缩。相反，波函数会分裂或"分支"为平行宇宙，每个可能的测量结果对应一个。在多世界诠释中没有测量问题，只有为什么我们 125 生活在这个特定宇宙中的问题。史蒂文·温伯格觉得，那么多宇宙"让人恶心"，但马克斯·泰格马克却觉得这个逻辑很"漂亮"，而且相信"最简单，也可以说是最优雅的理论会自动包含平行宇宙"[2]。

然后还有自发坍缩模型，其中的波函数并不是先延伸然后突然坍缩，而是不断地一点点收缩，因此一开始就不会延伸得很厉害。这种理论与其说是新的诠释，还不如说是对量子力学的修正，为坍缩增加了一个明确阐述的过程。阿德里安·肯特（Adrian Kent）认为在量子力学中"优雅似乎是物理相关性的极为有力的指标"，他觉得坍缩"有点儿临时起意，也有点儿功利主义"，但还是"比德布罗意-玻姆理论漂亮多了"[3]。

这些只是量子力学的主要诠释。还有更多诠释，而且每一种诠释都可以同时处于好几种不同的状态。

---

1. Polkinghorne J. 2002. *Quantum theory: a very short introduction.* Oxford, UK: Oxford University Press, p. 89.

2. Tegmark M. 2015. *Our mathematical universe: my quest for the ultimate nature of reality.* New York: Vintage, p. 187; Tegmark M. 2003. *Parallel universes.* Scientific American, May 2003.

3. Kent A. 2014. *Our quantum problem.* Aeon, January 28, 2014.

　　史蒂文·温伯格放下了他那本写量子力学的书。他看着我，我试图认清他的表情，但我没法说明白，他对于我还赖在这里不走，到底是不解多一些还是恼火多一些。他那扬起的眉毛我早就注意到了，现在我觉得，那条眉毛似乎是永远定格在那个位置上了。

　　温伯格的《量子力学讲座》在他的教材中是后起之秀，直到2012年才面世。之后他又发表了一些文章，讨论如何研究或更好地理解量子力学的基本原理。很明显，他这几年一直在思考这个话题。我想知道，他为什么开始从事这方面的研究。鉴于有那么多问题他都可以去思考，是什么让这个问题成为值得他思考的好问题的呢？

　　我问："退相干留下了一个概率分布，您不喜欢退相干的哪一点呢？"

　　"用你正在研究的系统与包含观察者的外部环境之间的相互作用，就可以很好理解量子力学了。"他说[1]，"但这会涉及量子力学系统与宏观系统的相互作用，这个宏观系统在初始波函数的不同分支之间产生了退相干。宏观系统又从何而来？也要能用量子力学来描述才行。而且，严格说来，在量子力学自身中并没有退相干。"

---

1. 他提到自己正在写一篇与此有关的文章，该文发表于两个月之后。见 Weinberg S. 2016. *What happens in a measurement?* Phys Rev A. 93:032124. arXiv:1603.06008 [quant-ph].

　　他又咳嗽了一阵。"现在也有人在试图解决这个问题。他们否认退相干，考虑完全以量子力学的方式来看待人类，就跟看待其他任何事物一样。这就是多历史方法。在多历史方法中，如果一开始你有个纯粹的波函数，就会永远是个纯粹的波函数[1]。但随着时间流逝，这个波函数会经历很多个阶段，每个阶段都包含对观察者的描述，而且每个阶段的观察者都认为自己看到的跟别人看到的不一样 —— 比如有个观察者看到（粒子的）旋转方向是向上的，而另一个看到的旋转是向下的。"

　　"就算你能忍受宇宙历史一分为二，在多历史方法中，宇宙历史的分裂却是无穷无尽、一刻不停，能产生的分支数目大到你无法想象。"

　　"嗯，"温伯格总结道，"也说不定事情就是这个样子，我不知道逻辑上有什么自相矛盾的地方。但要去想象有那么多种历史，真是好让人恶心。"

　　"是什么让你觉得恶心？"

　　"我也不知道。就是很恶心。是没法控制的数目。因为并不是哪个物理学家拿到国家基金来做了个试验才有这些事儿发生，而是每时每刻都在发生。每当两个空气分子撞在一起，每当来自恒星的一个光子闯入大气层 —— 每当发生什么事情，宇宙的

---

1. 保持"纯粹"状态的意思是，量子特性并没有退相干。

历史都要不断加倍。"

"我希望自己能够证明，历史这样不断分裂是不可能的。我做不到。但我觉得这很恶心。显然发明这个理论的人并不觉得它恶心，但确实就是这个样子啊。不同的人对量子力学有不同的诠释，这些诠释也都能让人满意，但全都不一样。"

我点评道："而且他们都认为别人的理论很恶心。" 127

"确实如此。我都已经在克制了。"温伯格叹了口气，接着说道，"就连这个领域最伟大的哲学家都有不同看法。尼尔斯·玻尔一开始认为，测量涉及偏离量子力学，测量结果并非纯粹用量子力学概念就能解释。然后其他人就说，不对，你可以的，但是你得抛弃你说得出发生了什么的想法，你只能说要计算你测量时会得到什么的概率，就必须遵循这些规则……然后就会有另一些人说，量子力学完美得很，只不过你会得到无穷多种历史罢了。这就是多世界方法……"

"当然，困难在于你并非必须解决这些问题。我整个职业生涯都不知道量子力学是怎么回事。我在一本书中讲过这个故事，我同事菲利普·坎德拉斯（Philip Candelas）跟一个研究生推荐的书里就有这本，那位同学的职业生涯大体上算是完蛋了。我问他出了什么问题，他说：'他在试图弄懂量子力学。'要是没有量子力学，他本来可以有非常完美的人生。但涉足量子力学的基本原理，是一场必败的游戏。"

"你知道《美与科学革命》（*Beauty and Revolution in Science*）这本书吗？是个名叫詹姆斯·麦卡利斯特（James W. McAllister）的科学哲学家写的。"我问道。

"我对这本书不熟。"

"他在试着扩展托马斯·库恩（Thomas Samuel Kuhn）的科学革命的概念。麦卡利斯特的观点是，科学上的每一次革命，都势必推翻科学家发展出来的美的概念。"

"库恩比这要激进多了。"温伯格说，"革命显然总得推翻点什么。库恩将革命描述为推翻一切，因此下一代人无法理解上一代人的物理学。我觉得这样不对。但显然，如果有一场科学革命，那就肯定是在推翻什么东西。"

他顿了顿，又补充道："我觉得，认为这可能是种审美判断的想法并不坏。例如，哥白尼革命之所以会发生，是因为哥白尼认为日心说系统比托勒密系统有魅力得多，并不是因为任何数据。显然，这里面有跟之前有所不同的审美判断。而且我认为，牛顿革命之所以会发生，是因为牛顿没觉得力的远距离作用很丑，但笛卡儿（Descartes）却有这种想法。所以笛卡儿试着造出一个非常丑陋的太阳系图景，其中一切都是直接的推或者拉的结果。牛顿则满足于作用力与距离的平方成反比。这是审美上的变化。或者你也可以说，是哲学上的成见有了变化。这么说没有太大区别。"他沉默了一会儿，又喃喃自语道，"是啊，这个想法有点意思。我该看看这本书。"

"但如果确实如此，"我回到了麦卡利斯特的观点，"在革命中你需要推翻理论发展中的美的概念，那么使用过去的美的概念有什么好处呢？"

温伯格说："嗯，美只是获取成功理论的一种手段。有时候你对美的概念虽然变了，理论本身说不定仍然是对的。"他举了个例子："我想麦克斯韦应该曾感觉到，真正令人满意的电磁学理论应该包含振动介质中的应力，这样就能解释在一束光中观测到的电场和磁场的震荡。有了麦克斯韦和其他人，包括英国物理学家奥利弗·希维赛德（Oliver Heavisid）的工作成果，我们开始认为电磁场只不过渗透了真空，振荡也只不过是场本身的振荡，而不是某种基本介质的振荡。但麦克斯韦发明的方程组仍然很好用。麦克斯韦的理论留下来了，尽管他关于这个理论为什么应该为真的概念变了。"

他接着说道："经常在变的不是物理理论，而是我们的概念，这些理论是什么意思，为什么这些理论应该是对的，等等。所以，[129]我不认为你把什么都推翻了，尽管你可能推翻了之前的审美判断。留下来的是之前的审美判断带来的理论，如果那些理论是成功的——有不成功的可能。"

然后他站起来，走了出去。

量子力学是魔法

不只是量子力学本身很古怪，这个研究领域也很古怪。在粒子物理学领域，我们有理论和实验，居于两者之间的，还有现象学。现象学家是那些（像戈登·凯恩那样）耐心摆弄理论从而做出预测的人，通常手法都是将数学化简，弄清楚什么可以测量，可以测到哪个精度，以及如何测量（指出由谁来测量的时候也并不少）。

在物理学其他领域，研究者并不像在粒子物理学领域那样明确细分为三类。但在任何领域都会有现象学家。就连没有实验可言的量子引力领域，我们都有现象学家。但在量子力学领域并非如此。在这个领域，一方面我们有实验，大量的实验；另一方面，关于量子力学诠释有数不清的争议。但这两者之间几乎是真空地带。

了解过这么多互不相同的诠释后，我想评估这些诠释的丑陋程度，于是决定找个没有争议的那一面的人，一个在日常生活中处理量子问题的人聊一聊。我找的是查德·奥泽尔（Chad Orzel）。

查德是纽约州斯克内克塔迪联合学院的物理学教授。他更知名的身份是给自己家的狗讲量子物理的人，还就此写了本书[1]。

---

1. Orzel C. 2010. *How to Teach Quantum Physics to Your Dog*. New York: Scribner.（本书作者有二本中译本已由湖南科学技术出版社出版，分别为《狗狗也能玩转物理学》《科学化思维》。——译者注）

查德也在写一个科普博客"不确定性原理",致力于揭开量子力学的神秘面纱。我给他打了个视频电话,问他对那么多量子力学诠释都有什么看法。

我说:"查德,跟我说说你是做什么工作的。"

"我的物理学背景是激光冷却和冷原子物理。"查德告诉我。拿到博士学位后,查德研究过玻色－爱因斯坦凝聚,就是一团原子冷却到量子效应变得很强的极低温度时的现象。130

"我博士期间做的是研究超冷氖原子的碰撞,"查德说,"那些原子的相对速度在每秒几厘米乃至几毫米的范围,在这么慢的速度下,你会开始观察到碰撞的量子效应。"

"氖有很多种同位素[1]。有的是复合玻色子,有的是复合费米子。如果你把这些原子极化,其中的费米子就不能碰撞了,因为会有两个对称的状态,阻止碰撞发生。"

这一现象是费米子极端独立的一个例子,我们在第1章讨论过费米子的这一特性。你不可能迫使两个费米子在同一个地点处于同样状态。

查德继续说道:"于是我们集合了一大团氖原子,如果碰撞

---

1. 某种化学元素的原子核中,质子数量是确定的,但中子数量可以不同。同一元素的不同变体就叫作同位素。

的话，它们就会交换大量能量，产生离子。我们就数原子极化之后的离子数和没有极化时的离子数，这个结果能告诉我们有多少原子碰撞了。这个信号非常清楚。在碰撞率中我们能看到区别：玻色子开开心心地撞在一起，费米子则不然。这完全是量子效应。"

我问："没碰撞的那些原子怎么了？"

查德耸了耸肩："它们就是彼此擦肩而过。有人在我论文答辩时问道：'如果你把这些原子排成一列，会发生什么？怎么可能不碰撞呢？'我开玩笑说：'量子力学是魔法。'正经答案是，你不能把这些原子看成是小小的台球，能完美地排成一列；你得把它们当作毛茸茸的庞然大物，能彼此穿过。我转身朝我刚拿了个诺贝尔奖的导师问道：'你同意吗？这样说行不行？'他说：'对呀，量子力学就是魔法。'"[1]

在量子世界中我们的直觉会失效，从直觉上讲这很说得通。在日常生活中我们从来没有经历过量子效应，这些效应太微弱也太脆弱。实际上，要是量子物理凭直觉就能理解，那才叫意料之外呢，因为我们从来没有机会去习惯量子力学。

因此，不能凭直觉理解不应该成为反对某个理论的理由。

---

1. 威廉·菲利普斯（William Daniel Phillips），1997年与克洛德·科昂-唐努德日（Claude Cohen-Tannoudji）及美国华裔物理学家朱棣文（Steven Chu）因可以让原子慢下来的激光冷却技术而共同获得诺贝尔物理学奖。

但是跟缺乏美的魅力一样，这是进步的一大障碍。我想，也许这是个我们无法克服的障碍。我们困在物理学的基础中无法更进一步，也许是因为我们已经达到了人类所能理解的极限，也许是时候缴械投降了。

亚当从事微生物生长实验。亚当提出假说，设计研究策略。亚当坐在实验室里，处理培养皿和离心机。但是，亚当不是人，而是物。亚当是个机器人，由威尔士阿伯里斯特威斯大学的罗斯·金（Ross King）团队设计。亚当已经成功鉴别出负责编码某些酶的酵母基因[1]。

在物理学领域，机器也在大行其道。纽约州康奈尔大学创新机器实验室的研究人员已经写出软件，只要输入原始数据，就能输出控制系统运动的方程，比如双摆的复杂运动。计算机只花了30小时，就重新推导出了人类奋斗好几个世纪才找到的自然定律[2]。

在最近一项关于量子力学的研究中，安东·蔡林格的团队用名为"梅尔文"（Melvin）的软件设计实验，然后由人类实施[3]。实验设计自动化的想法是由团队中一名博士生马里奥·克伦（Mario Krenn）提出的，他对实验结果很满意，但是他说，还是

1. Sparkes A et al. 2010. *Towards robot scientists for autonomous scientific discovery.* Automated Experimentation 2:1.
2. Schmidt M, Lipson H. 2009. *Distilling free-form natural laws from experimental data.* Science 324:81–85.
3. Krenn M, Malik M, Fickler R, Lapkiewicz R, Zeilinger A. 2016. *Automated search for new quantum experiments.* Phys Rev Lett. 116:090405.

觉得"很难从直觉去理解到底发生了什么"[1]。

　　这只是个开始。找出规律、组织信息是科学的核心任务，人工神经网络正是要干这个的。模仿人类大脑功能设计出来的这些计算机，现在正用于分析没有人能理解的数据集，并用深度学习算法来寻找数据中的关联。毫无疑问，技术进步正在改变我们所谓"搞科研"的意思。

　　我试着想象有那么一天，我们会把所有宇宙学数据都输入到人工智能（AI）中去。现在我们想知道暗物质和暗能量究竟是什么，但对人工智能来说，这样的问题说不定完全没意义。人工智能只需要做预测，我们则来验证这些预测。如果人工智能一直是对的，我们就知道它成功找到了正确的规律，并成功外推。人工智能发现的规律就会成为新的协调模型。我们输入一个问题，出来一个答案 —— 就这样。

　　如果你不是物理学家，那上述情形可能跟读到物理学界用无法理解的数学、神神秘秘的术语做出的预测没有太大区别。只不过是另一个黑匣子罢了。说不定你对人工智能的信心还更多一点。

　　但是，做出预测并用预测来发展应用，始终只是科学的一面。另一面是理解。我们不只是想要答案，我们也想要解释答案。

---

1. 引自 Ball P. 2016. *Focus: computer chooses quantum experiments.* Physics 9:25.

最终我们会到达我们心智能力的极限，之后我们最多也就是把问题交给更复杂的思考装置。但是我也相信，现在就放弃理解我们的理论，还是太早了。

安东·蔡林格说："年轻人加入我们团队的时候，你会看到他们在黑暗中四处瞎摸，而不是凭直觉就能找到自己的道路。但是过一段时间，两三个月，他们就会步入正轨，对量子力学有了直观理解，看到这些其实还挺有意思的。这就跟学骑自行车一样[1]。"

直觉是跟着经验来的。你可以通过视频游戏"量子移动"来得到关于量子力学的经验，完全不需要方程[2]。这款游戏由丹麦奥胡斯大学的物理学家设计，玩家为量子问题找到有效解答时，比如将原子从一个势阱移到另一个势阱，就可以获得积分。模拟出来的原子遵循量子力学定律。这些原子看着不像小球，倒像一种古怪的流体，受不确定性原理约束，可以从一个地方隧穿到另一个地方。这些设定需要一定时间来适应。但让研究人员惊讶的是，他们发动群众资源，从玩家的策略中找到的最优解，比计算机算法找到的解更有效[3]。在量子直觉方面，人类似乎击败了人工智能。至少目前如此。

133

1. Powell E. 2011. *Discover interview: Anton Zeilinger dangled from windows, teleported photons, and taught the Dalai Lama*. Discover Magazine, July–August 2011.
2. 此处可下载该游戏：www.scienceathome.org /games/quantum-moves/game.
3. Sørensen JJWH et al. 2016. *Exploring the quantum speed limit with computer games*. Nature 532：210–213.

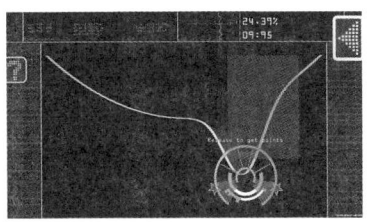

图 10　视频游戏"量子移动"截图

于是我想，也许我们不应该忙着互相说量子力学很古怪，而是去适应。这是高科技，没错，但跟魔法还是有区别。

查德开玩笑说量子力学是魔法，顺带还耸了耸肩，这让我觉得他对数学解释不太在意。但很难不去解释。如果你经常在用某种数学形式，在计算中你会对发生了什么逐渐有所了解。你不是只看到结果，而是也会看到是怎么得到这个结果的；而且因为人类的兴趣所在，抽象事物如果有个说法，我们会处理得更好。

我问查德："您有最喜欢的量子力学诠释吗？"

他说："我的性格是'闭嘴去算'。在我看来，如果你想不出一个实验，这个实验对不同情形会有不同结果，那就始终毫无意义。在通往一般现实的道路上谈论所有这些古怪的事情是怎么发生的，这很有趣。但我对这个领域的现状的理解是，现在没有人能告诉你一个实验，做了就能对比如说多世界诠释和导航波理论有不同的结果。既然没有这种实验，那就是审美选择的问题了。"

"但我确实认为，让人们去追寻那么多种不同的诠释是有价值的，因为这会让你觉得可能值得追寻的问题变得五彩缤纷。尽管你可以用任何你喜欢的诠释来解释所有实验，某些类型的实验还是要用某些类型的诠释来解释才显得更自然。"

作为例子，他举了跟踪平均曲线的实验，粒子穿过双缝时会沿着这个平均曲线运动。在导航波诠释中这样的曲线才能讲得通，而如果你认为波函数只是在收集观测者的信息，这种曲线就毫无意义了。但是，那些复制和擦除量子态的实验，从信息传递的角度来解释又更容易一些。

我问："如果这些诠释都跟实验检验无关，为什么会有这么多孰是孰非的争论？"

查德说："按我的理解，在认识论和本体论两大阵营之间，有很大分歧。在本体论阵营中，波函数真实存在，而且会变化，而在认识论阵营中，波函数真的只是用来描述我们已经知道的和量化我们对世界有多无知。任何人你都可以放进这两种诠释之间的连续体中。"

"在其中一端，人们会觉得这种不连续的坍缩很让人恼火。如果你相信认识论方法，这就会显得很丑陋。但在另一端，也有爱因斯坦的'如果没有人看，月亮还在那儿吗'的经典观点。"

爱因斯坦相信，量子力学并不完备。他认为，无论有没有人在观察,物体都应该有明确属性。要是认为没有人看的时候月亮就不在那里,可就太荒谬了 —— 这是他的思想的一个例证[1]。
135 无论如何我们要记住,我们不会预期大型对象由于退相干而具备了量子特性。跟薛定谔的猫一样,爱因斯坦的月亮是一种夸张,意在说明一个问题,而不是本身就是个真正的问题。

查德阐述了爱因斯坦的月亮中的魅力:"无论人们是否有关于事物的任何信息,事物都应该存在。人们希望有个根本现实,而从本体论的角度来看,如果说只有测量其某方面特性时该事物才真正存在,那也太丑了。所以随便哪一边都觉得另一边有些东西很让人恼火。"

"您在这个连续体上处于什么位置?"

查德说:"我从两个角度来看这个问题,都看到了一些优点。我大体上同意,我们在研究的是关于这个世界的信息,但我也同样相信,这些信息是关于某个状态的。所以吧,我就是棵墙头草。"

"粒子物理领域中,我们有人会指摘自己不喜欢的东西,因为他们把这些缺点看成是得出更好理论的指引。量子力学的基础理论中是不是也这样呢?"

---

1. 要回溯到以下引文:"我们经常讨论他对客观现实的看法。我记得有一次散步的时候,爱因斯坦突然停下来,转身问我是否真的相信,只有我们看着月亮的时候月亮才存在。"见 Pais A. 1979. *Einstein and the quantum theory*. Rev Mod Phys. 51: 907.

查德答道："我的印象是，跟粒子物理的情形有所不同。在粒子物理学领域，你可以指出一些非常具体的数量问题，但我们就是没法回答。就像暗能量。我们可以拿真空能量来做这种计算，但结果大了120个数量级，那你就必须做点儿古怪的举动来让这个结果消失。在量子基础中，我们全都会同意如果你让电子穿过双缝会发生什么。问题只在于在穿过双缝的**途中**，你认为发生了什么。"

"人人都可以用现有的数学形式来计算，对某些荒唐可笑的数字得出正确结果，精确到小数位。因此这不是定量问题。这比粒子物理学中的问题要哲学得多。两个领域的问题都有审美元素，都觉得因为数学上很丑，所以不应该是这个样子。但在量子力学中，并没有数量方面的分歧。人们不高兴，是因为我们知道这些古怪的事情必须是真的，我们也在试着找办法避开。" 136

"你从量子基础当中得到的很多哲学问题，和从尤金·威格纳（Eugene Wigner）的：'不管怎么说，为什么我们能用数学来描述事物？'中得到的真正荒谬的哲学问题，只有一墙之隔[1]。如果问题是以这种方式提出，你会废寝忘食地思考，要是没有理当如此的缘由，宇宙为什么会遵循简洁、优雅的数学定律？但是，你也可以把这些问题全都拨开，说：'看，我们有简洁、优雅的定律，也能用来计算。'我就有点儿像这个样子。"

---

1. Wigner EP. 1960. *The unreasonable effectiveness of mathematics in the natural sciences*. Comm Pure Appl Math. 13:1–14.

"但如果你想发现新理论，这种态度还有用吗？"我问。

查德说："是啊，问题就在这里。有可能我们需要想想那些无法计算的哲学问题和其他问题。但也有可能，数学就是很丑，得有人好好去磨一磨。"

本章提要

- 量子力学屡奏奇功，但也有很多物理学家抱怨，量子力学不直观，也很丑陋。
- 直觉需要通过经验来建立，而量子力学作为理论还太年轻。未来的物理学家也许会看到更直观的量子力学。
- 在量子力学的基本理论中也一样，人们不清楚需要解决的究竟是什么问题。
- 有可能，理解量子力学就是比我们想象的要难。

第 7 章
一统天下

> 我想知道，如果自然定律不美丽，是否还会有人关心这些定律。我在亚利桑那州待了一阵，弗兰克·维尔切克告诉我，他有个小小的"百有理论"。之后我飞到毛伊岛，与加勒特·利西谈天。我了解到一些丑陋的事实，清点了物理学家。

汇聚线

上次我们能有个万有理论还是在两千五百年前。古希腊哲学家恩培多克勒（Empedocles）假定，世界由四种元素组成：土、水、气、火。后来亚里士多德又加了第五元素进去，即天堂元素的精华。从那时起，解释万物再也没那么容易过。

在亚里士多德的哲学体系中，每种元素都有两种特性：火干而热，水湿而冷，土干而冷，气湿而热。如下原因可带来变化：(1)元素会力求回到自己的自然位置 —— 气上升，土下落，等等；(2)元素可以一次改变特性之一，只要结果不产生矛盾，因此，干而热的火可以变成干而冷的土，湿而冷的水可以变成湿而热的气，等等。

假设土会下落是因为这是土的自然倾向，其实并没有解释什么，但这也可以说是个简单的理论，而且可以总结为一张完美对称的图（如图11所示）。

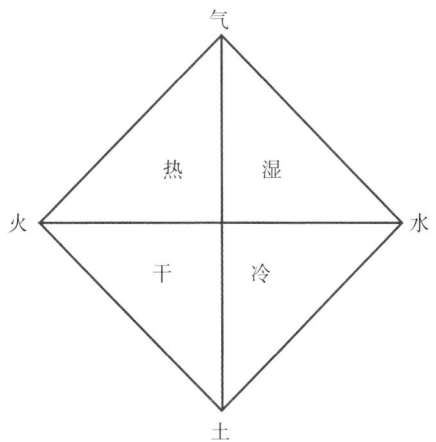

图11 亚里士多德四元素及相互关系示意图。这个理论可以追溯到公元前4世纪。大约同一时期的东方文明中，也发现记录有类似的分类体系。

但即便是在公元前4世纪，这个理论也明显太简单了。炼金术师开始分离出越来越多的物质，只有四种元素的理论无法解释这里面的千变万化。但也一直要到18世纪，化学家才了解到，所有物质都是数量相对较少的"元素"的组合（当时人们认为元素数量不到100种），元素本身则无法进一步分解。还原论的时代开始了。

同时，牛顿发现土落下来和行星运动是同一个原因：万有引力。詹姆斯·焦耳（James Prescott Joule）则证明热是一种能量，后来又发现热和能量都源于一种叫作原子的小东西的运动，对每种化学元素，都有一种不同的原子与之对应。麦克斯韦把电和磁合二为一，变成了电磁力。每当先前并无关联的效应在一个共同理论中得到解释，新的见解和应用都随之而来：潮汐由月球引起，能量可用于制冷，电路能产生电磁辐射。 139

19世纪末，物理学家注意到，原子只能发射或吸收特定波长的光，但无法解释观测到的模式中有什么规律。为了让一切说得通，他们发明了量子力学，结果不仅解释了原子光谱，也解释了化学元素的大部分性质。到20世纪30年代，物理学家已经发现，所有原子都有个原子核，由更小的粒子组成，这就是质子和中子，而原子核外还环绕着电子。这是还原论的又一个里程碑。

而在走向统一的历史上，爱因斯坦将时间和空间结合起来，得到了狭义相对论，之后又将引力和狭义相对论结合，得到了广义相对论。结果就是需要解决量子力学和狭义相对论之间的矛盾，这个需求导致了电动力学成功量子化。

我想，到这儿我们的理论差不多已经最简单了。但就算在当时，物理学家也已经知道放射性衰变，而这就连量子化的电动力学也无法解释。一种新的弱相互作用出现了，人们认为是这种作用力带来了衰变，并将其加入理论中。随后，粒子对撞机达到了足够高的能级，探测到强相互作用，物理学家一头闯进了粒子大观园[1]。复杂性的暂时增长很快就被强相互作用和电弱统一的理论削减下来，表明大观园里的大部分成员都是复合体，仅由24种无法进一步分解的粒子组成。

这24种粒子（再加上后来加进去的希格斯玻色子，总共25种）今天仍然是基本粒子，标准模型加上广义相对论也仍能解释所有观测结果。我们把暗物质和暗能量也改装了进去，但我们没有这些暗玩意儿的微观结构的任何数据，因此目前不难兼容。

不过，统一既然屡奏奇功，物理学家就认为，合情合理的下一步将是大统一理论（GUT）。

140

我们理论中的对称性，属于数学家所谓的"群"。群集中了所有在遵守对称性时不会让理论发生改变的变换。例如，圆的对称群由围绕圆心的任意旋转组成，记为U（1）。

但在我们迄今为止关于对称性的讨论中，我们还只考虑过方程的对称性和自然定律的对称性。然而，我们观测到的现象并不由方程本身来描述，而是由方程的解来描述。仅仅因为方程有对称性，并不能说方程的解就一定有同样的对称性。

假设有个陀螺在桌子上旋转（如图12所示）。其环境在平行

---

1. 参见第2章。

于桌面的所有方向上都一样，因此，运动方程关于每一个垂直于桌面的轴都有旋转对称。只要让陀螺开始旋转，其运动就由摩擦中损失的角动量决定。刚开始，旋转确实遵守旋转对称。但到最后陀螺会倒下来，停止旋转。这时陀螺会指向某个特定方向，我们就说对称性"破缺"了。

这种对称性自发破缺在基本的自然定律中也很常见。旋转陀螺的例子已经表明，系统是否遵守对称性，可以由系统中的能量决定。陀螺只要有足够多的动能，就会遵守对称性。只有摩擦带走了足够多的能量之后，对称性才会破缺。

基本定律的对称性也是同样情形。我们在日常生活中经常会碰到的能量由我们所处环境的温度决定，用粒子物理的话来讲，这样的日常能量微不足道。例如，室温大体上相当于1/40 eV，跟大型强子对撞机加在对撞质子上的能量比起来，要低14个数量级。在室温这么低的能量上，大部分基本对称性都破缺了。不过 ¹⁴¹在高能级，这些对称性可以"完好"，或者说"恢复"。

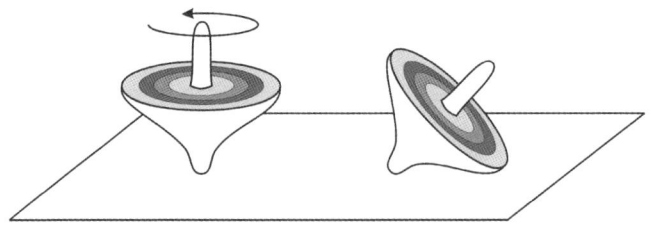

图12　旋转陀螺，只要还在运动，就是旋转对称的。由于在通过摩擦损失能量，对称性破缺了。

例如，电弱相互作用的对称性就在大型强子对撞机的能量级恢复了，迹象之一就是产生了希格斯玻色子。

标准模型需要三个不同的对称群 —— 电弱相互作用需要U（1）和SU（2），强相互作用需要SU（3）。从这么小的数字你就能知道，这些群都很小。但更大的对称群通常包含多个较小的群，因此，一个对称性在高能级破缺了的大群，可以产生在我们观测能级上的标准模型。在这副图景中，大统一的对称性就好比一头大象，目前我们在低能级只能分别看到这头大象的耳朵、尾巴和腿。整头大象只有在统一能级下才能恢复，人们估计这个能量在10^{16} GeV的量级，也就是比大型强子对撞机的能量大15个量级。

对大统一对称性的第一个提法用到了包含标准模型对称群的最小群，即SU（5）。然而，像这样统一起来的作用力，一般会产生新的相互作用，使质子可以衰变。而如果质子不稳定，那所有原子核就都不稳定了。在这个统一理论中，质子的寿命可以长达10^{31}年，远远超过了宇宙现在的年龄。但由于量子力学，这个说法只不过意味着质子的**平均**寿命有那么高。只要质子能衰变，那就也有可能很快就发生；只不过快速衰变很罕见就是了。

每个水分子中有10个质子，1 L水中有10^{25}个水分子。因此，我们不用等10^{31}年那么久才能看到一个质子衰变，我们可以监测一大缸水，等着其中的一个质子衰变。像这样的实验从20世纪80年代中期就已经开始了，但至今还没有人看到过质子衰变。

从目前的观测结果（或者说没有结果）可以推断，质子的平均寿命超过 10^{33} 年，据此可以排除 SU（5）。

对统一理论的下一个尝试用了一个更大的群 SO（10），其中质子寿命的上限要更高一些。从那时起，人们也试过了另外一些对称群，有的把质子寿命提高到了 10^{36} 年，这个数量级在即将到来的实验中也达不到。

除了质子衰变，因为大群中包含的元素比标准模型要多，所以大统一理论也都预测还有新粒子。这些新粒子照例被假定为特别重，现在还检测不到。因此，理论物理学家现在有了一系列大统一理论，在可预见的将来都不会被实验排除，安全得很。

然而，单凭大统一理论并不能解决希格斯玻色子质量的问题。为此，物理学家也往大统一理论里边加了超对称性。我们知道，超对称（如果自然界确实有这种对称）肯定在我们到现在为止检验过的能量之上就已经破缺了，因为我们还没见过超对称粒子。但我们还不知道，要到哪个能级超对称才能恢复或者到底会不会恢复。超对称性必须能让希格斯玻色子的质量变得自然，这一观点意味着超对称破缺的能级理应在大型强子对撞机中就已经达到了。

向大统一理论中加入超对称，不只是进一步增加了对称的数量，还有额外的好处，就是也倾向于稍微增加质子的寿命。例如，超对称群 SU（5）的一些变化版本，仍然逗留在可行性的边 143

缘。不过，我们加入超对称的主要原因，是我们曾在第 4 章提及的另一个数值上的巧合：规范耦合统一（如图 8 所示）。

此外，大统一理论的结构比标准模型更加严格，这给大统一理论带来了更多魅力。例如，电弱理论并不是令人满意的统一理论，因为仍然有两个不同的群，U（1）和 SU（2），相应地也有两个耦合常数。这两个常数由一个叫作"弱混合角"的参数关联起来，而在标准模型中，这个参数的取值必须由测量决定。但在大部分大统一理论中，弱混合角在大统一能级下的取值，由群结构固定为 3/8。当外推到低能级时，这个结论与实验数据相容。

很多物理学家认为，这些数字并非巧合。经常有人跟我说这肯定得有什么意义，以至于我有时候也相信肯定有什么意义。然而，还有几个"但是"你需要了解一下。

首先最重要的是，规范耦合汇聚到同一个取值能汇聚得多漂亮，取决于超对称是在多高的能量上破缺的。如果能量高于 2 TeV 左右，汇聚的情况就会开始变得很糟糕。大型强子对撞机基本上排除了超对称破缺能量低于该值的可能性，这就毁掉了超对称最大的魅力。此外，就算我们想要有大统一理论，也没有任何特殊理由说，耦合必须全都发生在同样的能量上，而不是其中两个先相交，然后第三个再加进来。原因只不过是，如果必须额外再引入一个能量级别，就没那么漂亮了。

顺便指出，耦合常数趋同并不是超对称独有的。这是加入重粒子的结果，在高能级上，这些重粒子会开始发挥作用。我们可以想出这些额外增加的粒子的很多种别的组合来让曲线相交。在超对称理论中我们就无法自由选择额外粒子了，物理学家则认为，这种严格正好支持了这一理论。此外，人们最早注意到在超对称理论中曲线会相交，觉得很意外。而之前我们也已经看到，物理学家更关注意外发现。

所以有这些"但是"。不过超对称还有其他好处：某些新的超对称粒子，可能有组成暗物质的正确特性。这些粒子在宇宙早期大量产生，很稳定，因此留在我们周围，但相互作用非常微弱。

这样一来，超对称结合了理论物理学家如数家珍的一切：对称性、自然性、统一，还有意外见解。生物学家恰如其分地称之为"超常刺激"——人为触发，然而不可抗拒。

粒子物理学家达恩·奥佩尔写道："超对称理论为所有这些问题都提供了一个解答，不可否认，这个解答比任何其他理论所提出的都更简洁、更优雅，也更美丽。如果我们的世界是超对称的，那所有的拼图就都能完美地拼在一起了。我们研究得越多，这个理论就越显得迷人。"[1] 量子场论用得最多的教科书有一本是迈克尔·佩斯金（Michael Peskin）写的，按照他的说

1. Hooper D. 2008. *Nature's blueprint*. New York: Harper Collins, p. 193.

法，超对称是"迈向终极世界观的下一步，到时我们将让一切都变得既对称又美丽"[1]。戴维·格罗斯说它"美丽、'自然'、独一无二"，并且相信："要是爱因斯坦研究过超对称，肯定会爱死了它。"[2] 弗兰克·维尔切克尽管小心翼翼，仍然相信自然："所有这些线索都可能会误导人，但真那样的话，就是大自然母亲最残忍的恶作剧了，而且品位真的挺差。"[3]

"百有理论"

亚利桑那州，坦佩。有个年轻人闯红灯过马路，接驳车司机猛踩了一脚刹车，爆出一阵粗口，把我的思维列车撞脱了轨。那人盯着自己的手机，慢慢从马路上挪开了。骂完之后，司机跟我聊起这所大学的扩招规划，从各个角落冒出来越来越多的学生，
145　给这些学生提供的新服务，还有在建的新宿舍等等。我点头附和他对美国年轻人的看法，也赞扬了他努力避免交通事故的用心。

随后他问我来这里干什么。听说我是去物理系之后，他问我跟欧洲核子研究中心有没有关系。其实我跟那个中心一点儿关系都没有，但他只不过想知道我去没去过那里。我去过，还看到了隧道、一些磁铁，还有最大的探测器超环面仪器，我去的时候还在建设中。除此之外就是开了个会，但我只记得在会上看

---

1. Castelvecchi D. 2012. *Is supersymmetry dead?* Scientific American, May 2012.
2. Gross D. 2005. *Einstein and the search for unification.* Current Science 89 (12): 25.
3. 引自 Cho A. 2007. *Physicists' nightmare scenario: the Higgs and nothing else.* Science 315: 1657–1658.

了一大堆幻灯片，喝了太多咖啡。他说，他希望有一天能去这个研究中心看看，他关注所有的研究进展，也希望我们能发现新东西。我觉得很惭愧，因为我们没什么发现，也很可能不会有发现，恐怕我们会让他失望。我都差不多算是在道歉了。

　　第二天，我坚持让自己有一天不穿运动鞋，结果脚上磨了两个泡。我按约定时间赶去跟弗兰克·维尔切克会面，结果发现我们约的那个地方没开门。不过我也没等多久，就看到弗兰克戴着顶大帽子出现，远远看到我就在街上冲我挥起了手。我可不想再多起几个水泡，于是选了隔壁一家供应早餐的小馆子。

　　弗兰克经常访问亚利桑那州立大学，现在这次访问是由"起源项目"组织的。这是个跨学科项目，有个很强大的扩展规划，致力于探索基本问题。晚上他会参加一个由劳伦斯·克劳斯（Lawrence Krauss）主持的小组讨论，他是起源项目的负责人。弗兰克给轴子起了名字，喜欢吃螳螂虾，得过的各种奖项简直要淹了他[1]。2004年，他与戴维·格罗斯、休·波利策（H. David Politzer）一起荣获诺贝尔物理学奖，原因是他们发现强相互作用是"渐近自由"的，就是说在短距离内会变弱。但考虑到我关心的问题，他最让我感兴趣的地方是他关注艺术的那一面。

　　在最近一本著作《美丽之问：宇宙万物的大设计》[2]中，弗兰

1. Wilczek F. 2016. *Power over nature*. Edge, April 20, 2016. https://www.edge.org/conversation/frank_wilczek-power-over-nature.
2. 本书中译本《美丽之问：宇宙万物的大设计》已由湖南科学技术出版社出版。——译者注

克问："世界是否体现了美的思想？"并用一个响亮的"是"回答了自己的问题。但世界体现了美丽的思想，这一点我已经知道了。我想知道的是，世界是否也体现了丑陋的思想，而如果是的话，我们是否还是会觉得这些思想很丑陋。

146

我在背包里翻了一通。我确定我在飞机上写下了准备问弗兰克的问题的，但这会儿找不到了。我对自己说，没那么难的；他说不定早就打好腹稿准备长篇大论了。我含含糊糊地问道："理论物理学和美有什么关系？"接下来他就打开了话匣子。

"我们遇到不熟悉的现实领域如亚原子领域、量子领域时，日常直觉都是靠不住的。"弗兰克开始说道，"而认为只要收集到足够多的数据就好，就像培根（Francis Bacon）和牛顿建议的那样，这种想法很不现实，因为现在做实验太难了。20 世纪绝大部分时间都非常顺利的前进方法，是希望方程会很漂亮，会既对称又经济，推导出结果并检验之。所以，现在我们也在这么干 —— 我们先猜出方程，然后检验方程。"

"让理论显得漂亮的是什么呢？"我问，"你说，要很经济，也必须有对称性？"

"对称性肯定是其中一部分。"弗兰克答道，"你也知道，理论变得越来越复杂了，有定域对称、时空对称、反常对称、渐近对称，所有这些都已经证明是非常有价值的概念。但也有一个更原始的美的概念，你见到的时候就知道了。如果得到的比你投入的更多，如果你引入一个概念来解释某个事情，结果发现同时也还能解释别的事情，这些时候都是美。所有这些都或多或少促成了那种感觉：这是对的。"

"多数时候我想，称之为美的一个方面，或许更为恰当。"弗兰克接着说，"但还是略有不同 —— 这是经济和简洁。"

"你认为更好的理论必须比我们现有的理论更简洁吗？"

弗兰克说："这个嘛，我们会知道的。自然慢慢会去做自然该做的事情。我当然希望会更简洁。但现在还不清楚。我猜，称得上更好的理论中 —— 在将引力和其他相互作用密切结合为一体的意义上，以及在解决（量子引力问题）的意义上更好 —— 最正经的候选者，是弦论。但对我来说，这个理论是什么，还不清楚。这就是一堆乌烟瘴气、尚未成形的思想，现在就说这个理论是否会更简洁，乃至是否正确，都还为时过早。就现在，这个理论看起来可一点儿都不简洁。"

我说："要是我们有数据，那要做决定就容易多了。"

弗兰克表示同意："是啊，那就容易多了。但同时，你有一个物理理论，这个理论却没办法让你知道关于物理世界的任何事情，这个感觉太奇怪了。所以，你要是说我们没有数据，在我看来，那就也意味着我们没有物理理论。如果没有数据，那理论在描述什么？"

"能在哪儿找到引力，这是有限制的，"我试着维护一下弦论，"至少你知道，在参数空间的某些范围，这个理论描述了我们看到的某些现象。"

"要是你的标准够低，那就是的。但是，我认为我们不应该向后经验时代物理学的这一想法低头。我觉得这样太恶劣了，极其恶劣。"

修正科学方法以证明弦论是个很有争议的话题，我并不知道弗兰克也在关注。"我正打算问您这方面的问题。我不知道您对这些讨论有多关注……"

"没关注细节。我听到的就只有这个后经验物理学的想法。"

"这要追溯到理查德·达维德写的那本书，他的职业生涯始于物理学，但后来又转身搞哲学去了。"

我说，按照理查德的说法，弦论学家将所有可用信息都考虑进来，包括数学性质，用来评估他们的理论，这合情合理。

弗兰克问："但是，如果这样一个理论什么都没解释，那又有什么意义呢？"

"理查德对这个问题未置一词。"

"那好，我们这么说吧。如果有任何一丁点儿的实验证据，是决定性的，也支持这个理论，你就不会听到这些争议了。你听不到，没有谁会关心。这只是个备选理论。这是举手投降，然后宣布取胜。我一点儿都不喜欢这样。" 148

是啊，关于后经验物理学的这些争议，都是因为没有经验论证才产生的。但只是知道这一点并不能推动我们前进。

"但做新实验那么难、那么贵的话，期待着我们光靠偶然就能发现些新数据，那太不现实了。"我说，"我们须决定朝哪儿看，以及我们的理论是用来干什么的，但这就带来了问题：就算缺乏数据，我们应该致力于哪个理论？这也是为什么理查德会说，因为理论学家利用各式各样的充分理由，来让有的理论就是比别的理论更可信。比如说，没有替代理论——发现的替代理论越少，已经发现的理论正确的可能性就越大。至少理查德是这么说。但他没有涉及审美问题，我觉得这是个很大的疏忽——因为物理学家确实在运用审美标准。"

"当然，但在我看来，这些讨论似乎太抽象了，也远远脱离了现实。确实有让人激动的实验，我们不需要这个。有寻找轴子的实验，有寻找电偶极矩的实验，还有寻找罕见衰变的实验——这还只是粒子物理学。还有宇宙学、引力波、天空中奇怪的天体，可能会出现的各种各样的异常。我们不需要自说自话的理论学家来指导实验。"

是的，是有实验，但数十年来这些实验仅仅证实了已经存在的理论。就我所知，理论学家自言自语太多，既是数据缺乏的原因，也是数据缺乏的结果。我指出："最近几十年，对实验的预测都不太成功。"

弗兰克说："嗯，他们发现了希格斯粒子呀。"

"是的，但是这并没超出标准模型的范畴。"我说，都没提那个预测早在20世纪60年代就已经有了。

弗兰克说："说句题外话，希格斯粒子这么轻，说明应该有 149 超对称。"

"还是太重了，所以人们还是担心，超对称可能不在这里。"

弗兰克表示同意："是，但是本来说不定还会糟糕得多。"

我说："但他们也还没找到超级伴侣。你会担心这个问题吗？"

"是的，我是在开始担心了。我从来没觉得这会很容易。来自（大型正负电子对撞机实验）和质子衰变的限制已经有很长时间了，这表明很多超级伴侣都必定很重。但随着大型强子对撞机能量升级，我们又有了一个很好的机会。希望永远在闪耀。"

我说："现在很多人都在担心，要是超对称没在大型强子对撞机中出现又该怎么办。因为这意味着无论根本的理论是什么，这个理论要么不自然，要么需要微调。对这个问题您怎么看？"

"很多东西都是经过微调的，我们也不知道为什么。我对规范耦合统一印象非常深刻。要不是因为它，我绝对不会相信超对称。我相信这不是偶然。但是，计算没有给出超对称应该在哪个质量范围出现的精确信息。而且，超对称伴侣一直到 2 TeV 左右都还没出现，统一的机会就开始变得越来越渺茫了。所以，对我来说，这是我乐观的原因之一。"

"所以您并不担心，那个根本理论可能并不是自然的？"

"是的。可以接近最小值，或是某种我们无法理解的对称破缺。这些理论很复杂，我认为我们会从实验发现中获益良多。要不我们就只能学着忍受不自然了。标准模型本身就已经够不自然了，赋予电子质量（的参数）已经是 10^{-6} 了，就是这么个数。"他耸了耸肩。

"所以你不会真的担心。"

"对。如果超对称已经被发现，那么超对称的情形就会更有说服力。如果这个理论极为清晰地解决了等级问题，就会更符合实际。但对我来说，迄今为止最有力的论据是耦合统一，这一点并没有消失。"

我问："所以，如果说有些根本理论，有这些参数，都本应如此，你也会觉得还行？"

"这个嘛，到最后你还是会想要有个更好的理论。我再说一次：想要有个'百有理论'，你并不是非得先有个万有理论不可。但如果一个理论能完美解释一物，对我来说就是个非常令人鼓舞的迹象。"

我说："你大概知道史蒂文·温伯格有个拿相马人来比喻这个的演讲吧。"

"什么？相马人？没听说过。"

"相马人见过很多马，现在他看着一匹马，说：'这匹马很漂亮。'他凭经验知道，这是千里马。"

弗兰克说："我觉得，在我们的美感里面，还是有些东西我们能理解的，并非完全是神秘。对称当然是其中一部分，不应该杂乱无章。但是，我认为，要想找出确切的定义，野心太大了。你是想找出来，你大脑里哪根回路让你觉得什么东西很美的吗？多数时候人们对什么很美都能得出一致结论。"

我说："嗯，我们形成脑回路的方式多多少少是一样的。但这种美感为什么应该跟自然定律有关系呢？"

弗兰克说："我觉得情况刚好是反过来的。人类如果有准确的自然模型，如果他们的概念跟事物真正的行为方式很契合，就会生活得更好。因此，进化会奖励你那种感觉，就是正确会给你的那种感觉，这就是美感。这是我们想一直做下去的动机，我们也认为这很有吸引力。所以成功的解释会变得很有吸引力。经历了多少个世纪，对于什么想法行得通，人们已经发现规律了。所以我们学会了把这些看成是美的。"

"而现在我们也在经历一个受训过程，在这个过程中我们了解到什么曾成功过，所以我们在训练中学会了欣赏成功和美。随着我们经验日增，我们也在锤炼我们的美感，我们也受到进化的鼓励，去寻找奖励学习的经验。"

151

"这就是我的小小理论 —— 为什么自然定律是美的。我并不觉得这个理论完全不对。"弗兰克顿了顿，补充道，"这里面也有人择论点。如果那些定律不漂亮，我们甚至都不会发现它们。"

我说："但问题在于，我们能接着发现这样的定律吗？我们在研究的是新东西，以前我们从没研究过的新东西。"

弗兰克说："我不知道。我们会知道的。"

我问："你知道麦卡利斯特的这本书吗？[1] 他提出了一种

1. McAllister JW. 1996. *Beauty and revolution in science*. Ithaca, NY: Cornell University Press.

更新版的库恩思想，即科学进步是通过革命来实现的。按照他的说法，在革命中科学家并不是抛弃一切，他们抛弃的只是他们关于美的概念。因此，只要科学中发生革命，他们都需要提出新的美的思想。为此他举了几个例子：静态宇宙，量子力学，等等。"

"如果真是如此，"我接着说，"那我读到的就是：如果执着于过去时代关于美的思想，那就正好大错特错。"

"对，很对。"弗兰克说，"美通常是很好的指导原则。但有时候你必须引入一些新东西。但是，在你发现的这些例子当中，每一个当中的新想法也都很美。"

我说："但只有数据强迫他们正视新思想时，人们才会发现新的美。我很担心，我们兴许到不了那一步。因为我们对过去用来构建理论并提出实验验证的美感执迷不悟。"

"你可能是对的。"

数字中的力量

对弗兰克·维尔切克的小小理论 —— 为什么自然定律是美的，我并没有特别信服。如果对美的感知是进化对成功理论发展出来的反应，那为什么会有那么多理论物理学家抱怨标准模型生得丑？那可是迄今最成功的理论啊。而且，为什么在不成功的理论，比如SU（5）中，发现了美？我承认，我发现弗兰克 [152] 的解释很漂亮，但这并不意味着他的解释就是正确的。

无论如何，就算我们学会了认为成功理论是美的，也并不意味着我们用自己的美感就能构建出更为成功的理论。这只是意味着，我们会构建更多同样的理论。弗兰克说："如果那些定律不漂亮，我们甚至都不会发现它们。"我担心的就是这个。比起完全没得解释，我宁愿有一个丑陋的解释。但如果他是对的，要是更基础的理论不够美，我们或许永远也无法发现它。

你大概会说："但总是会有科学家困在美丽但错误的理论上。有的人要到最后才能看出来是对的，科学家总是错误贬低这样的同行。总是会有同行相轻，有竞争，还有确认偏误、群体思维，有一厢情愿的想法，以及职业上的妄自尊大。但到头来，这些都无关紧要。好的会赢，糟的会输。真理获胜，稳步前进。现在为什么得有所不同呢？"

因为科学已经变了，而且还将继续改变。

（1）科学家变多：最明显的变化是，我们人更多了。美国授予的物理学博士学位数，从1900年的约20人/年，增长为2012年的2 000人/年，增长了约100倍[1]。美国物理协会成员数反映了同样的情况：1920年，该协会有成员1 200人，到2016年则已

---

1. Mulvey PJ, Nicholson S. 2014. *Trends in physics PhDs*. Focus On, February 2014. College Park, MD: AIP Statistical Research Center.

增长为51 000人。德国的统计数据也不相上下：德国物理协会现有6万人左右，但1900年时才145人[1]。通过物理文献作者数来判断，全球平均增速甚至更快，从1920年到2000年，增长了500倍左右[2]。

（2）论文更多，也更专业化：科学家变多了，写的论文也多了。在物理学领域，1970年以来论文数的年增长率约为3.8%~4.0%，对应大约每18年就会翻一番[3]。这个数据让物理学成为科学中增长**缓慢**的领域，这也表明这个领域已经成熟。

尽管物理文献总体量在增长，这些文献都分散到了不同的子领域（最近的一项研究确定了10个主要方向），每个子领域几乎都只引用自己这个领域的内容[4]。在这些子领域中，自我引用最厉害的是核物理，以及基本粒子和场的物理学。本书大部分话题都属于后一领域。

文献自我引用显出的专业化倾向提高了效率，但也可能阻碍进步[5]。在《科学》杂志2013年发表的一篇文章中，一组来自美国的研究人员通过查看引文列表，将主题组合的可能性量化，

1. Forman P, Heilbron JL, Weart S. 1975. *Physics circa* 1900. In: McCormmach R, editor. Historical Studies in the Physical Sciences, Volume 5. Princeton, NJ: Princeton University Press.
2. Sinatra R et al. 2015. *A century of physics*. Nature Physics 11:791–796.
3. Larsen PO, von Ins M. 2010. *The rate of growth in scientific publication and the decline in coverage provided by Science Citation Index*. Scientometrics 84 (3):575–603.
4. Sinatra R et al. 2015. *A century of physics*. Nature Physics 11:791–796.
5. Palmer CL, Cragin MH, Hogan TP. 2004. *Information at the intersections of discovery: Case studies in neuroscience*. Proceedings of the Association for Information Science and Technology 41:448–455.

并研究了主题组合与论文成为"热门"（指被引用次数居前5%的文章）的概率之间的相互关联[1]。他们发现，在参考文献列表中有不太可能的主题组合，与文章后来的影响正相关。但他们也注意到，有这种"非传统"组合的文章所占比例，从20世纪80年代的3.54%下降到了90年代的2.67%，这"表明极度墨守成规的趋势很突出，而且一直在持续"。

（3）**更多合作**：论文总量增加很大程度上与作者数增加如影随形。但是，每位作者的平均文章数近期有显著上升。20世纪90年代早期，每位作者每年的文章数约为0.8篇，到2010年，这个数字增加了一倍以上[2]。其原因是物理学家作为共同作者署名的时候比以前要多多了。每篇文章的平均作者数，20世纪80年代早期还是2.5人，到现在已成为这个数字的两倍不止。在同一时期，单一作者的文章所占比例，从超过30%下降到约11%[3]。

154

（4）**时间更少**：学术界尚未出现分工。尽管科学家的研究课题越来越专精尖，他们在任务方面还是要做到全方位才行：他们必须教学、当导师、领导实验室、领导研究小组、参加无数委员会、在会议上讲话、主持会议，而最重要的是拿钱，好让车轮继续运转。所有这一切还都是跟搞科研、写论文同时完成的。

1. Uzzi B, Mukherjee S, Stringer M, Jones B. 2013. *Atypical combinations and scientific impact.* Science 342 (6157): 468–472.
2. Sinatra R et al. 2015. *A century of physics.* Nature Physics 11: 791–796.
3. King C. 2016. *Single-author papers: a waning share of output, but still providing the tools for progress.* Science Watch, retrieved January 2016. http://sciencewatch.com/articles/single-author-papers-waning-share-output-still-providing-tools-progress.

2016年《自然》杂志的一项调研发现，学术研究人员平均只花了约40％的时间在研究工作上[1]。

筹措经费尤其花时间。2007年有一项研究发现，美国和欧洲的大学教员要把他们工作时间的40％花在申请研究经费上[2]。在基础研究中，这个过程特别劳心劳力，因为现在经常强制要求预测未来影响。预言一个基础物理研究项目未来的命运，通常比搞这项研究本身还要难。

因此，英国和澳大利亚的学术人员在访谈中表示，撒谎和夸大其词已经成了提案写作中的常态，这对任何申请过研究经费的人来说一点儿都不奇怪。参与这项研究的人称，他们对影响的陈述要么是"字谜游戏"，要么是"纯属杜撰"[3]。

（5）**长期经费变少**：拥有终身教职的学者比例正在下降，拿着非终身教职和兼职合同的研究人员所占百分比则在上升[4]。从1974年到2014年，全职终身教职在美国所占比例已从29％降为

1. Maher B, Anfres MS. 2016. *Young scientists under pressure: what the data show.* Nature 538: 44–45.
2. von Hippel T, von Hippel C. 2015. *To apply or not to apply: a survey analysis of grant writing costs and benefits.* PLoS One 10 (3): e0118494.
3. Chubba J, Watermeyer R. 2016 Feb. *Artifice or integrity in the marketization of research impact? Investigating the moral economy of (pathways to) impact statements within research funding proposals in the UK and Australia.* Studies in Higher Education 42 (12): 2360–2372.
4. 终身教职的实质是没有终止日期的合同，而且没有充分理由不得终止。充分理由可以是行为不端或行为失当，但持有让人恼火的科学观点不在其列。在大多数国家，终身教职都大抵如此。终身教职的目的是（或许我应该说"曾经是"）保护学者，让学者不至于因从事不受欢迎的或大有争议的研究工作而遭解雇。有时我碰到的一些人（主要是美国人）似乎认为，如果学者享有这样的工作保障，就是一种不公平的特权。但这种批评毫无意义，因为学术研究如果没有这种保障，就会有很大风险浪费纳税人的钱。

21.5%。与此同时，兼职教员的比例从24%上升到40%以上。美国大学教授协会的调查表明，教授在选择研究课题时，缺乏持续支持会让长期投入和承担风险的意愿降低[1]。德国的情形与 155 此类似。2005年，有50%的全职学者签的是短期合同。到2015年，这个数字上升到了58%[2]。

（6）**异质性更少**：今天的学者必须通过可以量化的产出来不断证明自己的价值。这样做没什么意义，因为在有些研究领域，可能需要好几百年才能看到明显的益处。但由于总得有点什么可以量化的东西，学者是由他们对所在领域目前的影响来评估的。因此，目前用来衡量科学成就的标准，极大依赖于文章数和引用率，也就是说主要衡量的是生产力和受欢迎程度。研究表明，取悦同行、发表文章的压力阻碍了创新：比起新的、不常见的想法，研究已知课题更容易获得承认，也更容易发表文章[3]。

试图衡量研究影响力的另一个后果是，冲淡了国家、地区和机构之间的差别，因为科学成就的衡量标准差不多哪里都一样。这意味着全球所有学者，现在都在踩着同样的鼓点前进。

总之，我们研究人员更多了，联系比以前更多了，也面临着

1. Shulman S, Hopkins B, Kelchen R, Mastracci S, Yaya M, Barnshaw J, Dunietz S. 2016. *Higher education at a crossroads: the economic value of tenure and the security of the profession.* Academe, March–April 2016, pp. 9–23. https://www.aaup.org/sites/default/files/2015-16EconomicStatusReport.pdf.
2. Brembs B. 2015. *Booming university administrations.* Björn.Brembs.Blog, January 7, 2015. http://bjoern.brembs.net/2015/01/booming-university-administrations.
3. Foster JG et al. 2015. *Tradition and innovation in scientists' research strategies.* Am Sociol Rev. 80(5):875–908.

在更专业化的子领域，用更少的经济支撑在更短时间内做出成果的压力。这让科学界成了各种社会现象的理想温床。

所以我的小小"百有理论"是这样的：科学家也是人。是人就会受到自己所属群体的影响。因此，科学家也会受到自身所属群体的影响。好吧，我不会因为这个就得个诺贝尔奖什么的。但这个理论让我去想，自然定律是美的，是因为物理学家一直在互相说，这些定律是美的。

我还是另外举个例子吧。我妈妈喜欢说："对称是愚蠢的艺术。"那如果我告诉你，真正美的基本理论极为混乱，一点儿都不对称的话会怎么样呢？听起来并不可信？岂不闻三人成虎？你每听到一次，就会多相信一点：研究表明，一个陈述我们听到得越多，就越有可能当它是真的。这就叫"注意力偏误"，或者"重复曝光效应"，有趣（或让人沮丧，取决于你怎么看这个问题）的是，就算这个陈述是同一个人反复说，也会是这个情况[1]。真的，混乱比严格对称要漂亮多了。是不是听起来有点耳熟了？

但现在的物理学家并没有反思分享信念会对他们的观点有何影响。更糟糕的是，他们有时候还会用人气而不是科学论证来支持他们的信念。比如朱迪切，提到过自然倾向背后的"集体运动"的那位教授，或者伦纳德·萨斯坎德，他在2015年的一

---

1. Weaver K, Garcia SM, Schwarz N, Miller DT. 2007. *Inferring the popularity of an opinion from its familiarity: a repetitive voice can sound like a chorus.* J Pers Soc Psychol. 92(5):821–833.

次访谈中宣称:"几乎所有还在活跃的高能理论物理学家都坚信,需要某种额外维度才能解释如此复杂的基本粒子。"[1] 再或者弦论学家迈克尔·达夫(Michael Duff),他解释说:"请放心,要是有人找到了另一棵(比弦论)更有希望的树,那么1500位(弦论学家)都会冲这棵树狂吠不止。"这些科学家不只是相信,如果很多人致力于同一个想法,那这个想法一定有其价值;他们也认为,这是个值得公之于众的好论点。

超对称理论尤其得益于社会反馈。我们已经从约瑟夫·莱金肯和玛丽亚·斯皮罗普录那里听说过这一点,按照他们的说法,"如果说世界上绝大部分粒子物理学家都相信超对称理论**必须**成立,恐怕也并非夸大其词。"[2] 或者像达恩·奥佩尔说的:"花在超对称理论上的时间和金钱会让人大吃一惊。很难找到一位粒子物理学家,在其整个职业生涯中都没染指过这个理论……全世界成千上万的科学家,都在想象着有个美的、超对称的宇宙。"

替代理论

但并非人人都粉超对称。

在更倾向于数学的其他理论中,有一个替代理论吸引了大

1. Odenwald S. 2015. *The future of physics*. Huffington Post, January 26, 2015. https://www.huffingtonpost.com/dr-sten-odenwald/the-future-of-physics_b_6506304.html.
2. Lykken J, Spiropulu M. 2014. *Supersymmetry and the crisis in physics*. Scientific American, May 1, 2014.

家的关注。提出这个理论的人是数学菲尔兹奖获得者阿兰·孔
157　涅（Alain Connes），他认为超对称"是个美丽的梦想，但现在就
相信这就是真相的话，还是太早了点"[1]。孔涅有自己的统一理论，
尽管已经有一些追随者，但并未流行开来。至少就现在的形式
来说，孔涅的思想远远够不上审美标准，最终要用 384 × 384
维的矩阵来表示。孔涅自己都说，这个形式"让人胆战心惊，也
称不上一目了然"。而且他用的数学方法与物理系学生目前学的
相去甚远，更加于事无补。

　　孔涅思想的要点如下。在普通的量子理论中，并非一切都
是离散的。原子光谱中能看到的线（历史上量子化的最早证据）
是离散的，但比如说粒子位置，就不离散，可以取任意值。孔涅
让位置也表现出量子行为，但并不是直接应用，而是以时空振
动的方式。这样不仅规避了量子化引力的一些常见问题，而且
神奇的是，他还发现这样也可以让他把标准模型的规范相互作
用包括进来。

　　孔涅的方法会奏效，是因为任何形状的振动模式都含有该
形状的信息，广义相对论中的弯曲时空也不例外。比如说，如果
把振动转换为声波，我们就能"听到鼓的形状"——就算不是耳
朵听到的，至少通过对声音做数学分析也能得出结论[2]。要让时
空的振动有用，我们并不需要真的听到振动。实际上，振动甚至

1. Khosrovshahi GB. n.d. Interview with Alain Connes. Retrieved January 2016. www.free-webs.com/cvdegosson/connes-interview.pdf.
2. Kac M. 1966. *Can one hear the shape of a drum?* Amer Math Monthly 73 (4):1–23.

都不需要真的发生。重要的是，这是描述时空的一种替代方式。

这种替代描述带来的好处，叫作"光谱几何"，是可以跟量子场论兼容，也能推广到其他数学空间中，其中一些包含了标准模型的对称群。这就是孔涅做的工作。他找到了一个合适的空间，并在我们已经检验过的情形中将其成功应用于标准模型和广义相对论。他也做了更多预测。

2006年，孔涅和他的合作者预测，希格斯玻色子的质量应为170 GeV，跟后来于2012年测得的125 GeV相去甚远[1]。即使在2012年的测量之前，170 GeV这个数也已经被2008年公布的实验结果排除了。对于这一消息，孔涅评论道："我的第一反应当然是觉得非常灰心丧气，还混杂了更强烈的好奇，想知道大型强子对撞机会发现什么样的新物理学。"[2] 不过数年之后，他修正了自己的模型，现在他说，之前的预测已经不再有效[3]。无论如何，他的方法已经失宠。

也有一些持不同意见的人秉持"特艺彩色"（technicolor）的观点，按照他们的这个说法，现在被认为是基本粒子的那些粒子也有亚结构，是由"前子"（preon）构成的，前子之间的作用力则跟强相互作用类似。这个想法跟几十年前的数据有冲突，但还是

1. Chamseddine AH, Connes A, Marcolli M. 2007. *Gravity and the standard model with neutrino mixing.* Adv Theor Math Phys. 11：991–1089. arXiv:hep-th/0610241.
2. Connes A. 2008. *Irony.* Noncommutative Geometry, August 4, 2008. http://noncommutativegeometry.blogspot.de/2008/08/irony.html.
3. Chamseddine AH, Connes A. 2012. *Resilience of the spectral standard model.* J High Energy Phys. 1209：104. arXiv:1208.1030 [hep-ph].

有些变化版本延续至今。不过，特艺彩色目前并没有特别流行。

将费米子结合为玻色子是可能的，但不可能将玻色子结合为费米子，因此偶尔也有人试图从费米子出发构建出所有物质，比如 "旋量引力" 或 "因果费米子系统"[1]。

然后还有加勒特·利西（Garrett Lisi）。

远离大陆

这是 1 月份的毛伊岛，我在机场等人来接。在我身边，五颜六色的度假的人消失在酒店的面包车里。承蒙加勒特·利西的好意，我此行是来参观太平洋科学研究所，而这位利西先生是有个万有理论的冲浪好手。但是我没他地址，手机也没电了。在夏威夷潮湿的空气中，我的头发卷曲起来。

30 分钟后，我正在考虑要不要把冬天的外套脱了，一辆敞篷车停在了路边。加勒特从车上一瘸一拐地走下来，左膝上缠了一大条绷带。他说："欢迎来到毛伊！"接着往我脖子上戴了个花环。随后，他把我的包塞进了后备箱。

在去研究所的路上他告诉我，绷带底下藏着 28 颗钉子，把

---

1. Hebecker A, Wetterich W. 2003. *Spinor gravity*. Phys Lett B. 574:269–275. arXiv:hep-th/0307109; Finster F, Kleiner J. 2015. *Causal fermion systems as a candidate for a unified physical theory*. J Phys. Conf Ser 626:012020. arXiv:1502.03587 [math-ph].

他剩下的膝盖固定在一起。一次滑翔伞事故（风朝着某个方向而没有朝另外某个方向吹之类）让他撞上了火山岩。他说，最爽 159 的是整个过程都拍下来了，因为当时他正在拍一部纪录片。

他的研究所原来就是山坡上的一所小房子，有个面向大花园的凉台。他的起居室里有块白板，厨房里有条红色的龙在发光。门厅里装饰着来访者的照片。现在太阳已经下山，加勒特的女友克丽丝特尔（Crystal）给了我一枚手电，好让我找到路去屋子后面充作客房的小木屋。她提醒我小心蜈蚣。

第二天一早，一只公鸡叫醒了我。我连上无线网。这一个星期都在脚不沾地地四下奔忙，我的收件箱里塞满了紧急信息。有两个不开心的编辑抱怨说到期了还没交报告，有个记者请我发表评论，还有个学生征询建议。有个表格要签字，有个会议要重新安排时间，有两通电话要打，还有两个会议邀请需要婉拒。一位合作者返回基金申请的草稿，需要修改。

我记得，读到20世纪那些英雄人物的传记时，我想象着，理论物理学家就是在皮质扶手椅上抽着烟斗，思考着大问题的人。我爬进吊床，一直待到那位冲浪好手现身。

加勒特把自己的伤腿小心翼翼地搭在露台的某件家具上。他抱怨说，自己有整整一周没法去冲浪了，也为不能带我去海滩致歉。我保证说，这对我来讲不是问题，我来这儿又不是为了去海滩。

"还记得吗？我们讨论过泰格马克的数学宇宙。他宣称宇宙是由数学构成的。那时候你说宇宙是由数学构成的，但只是最漂亮的数学。"

160　加勒特说："对，我就是那么想的。但问题仍然是，哪些数学？"

我说："这就是为什么我觉得泰格马克的想法没啥用处。他不过是把问题从'哪些数学'换成了'在数学的多重宇宙中，我们位居何处？'从任何实际的角度来讲，这都是同一个问题。"

"对。"加勒特表示同意，"聊这些是挺有意思，但要是没办法检验，那就算不上是科学。"

我说："要是你能找到一些无法用数学描述的事物，你就能检验这个思想了。"

"哦！不过嘛，不可能的。"

我说："确实，因为我们永远也没法知道：究竟是不能用数学描述，还是我们只不过还没发现如何用数学描述。那你为什么那么确信，数学可以描述万物呢？"

"我们所有成功的理论都是数学的。"加勒特说。

我反驳道："那些不成功的理论也是。"

加勒特没有受到干扰，他开始了自己的讲述："我刚开始研究物理的时候，并没有这种想要找到美的理论来描述物理的狂热追求。我一开始研究的问题是：'电子是什么？'我真的好喜欢广义相对论。但接着我了解了量子场论，而在量子场论中，对电子的描述很丑陋。"

加勒特在寻找一种对费米子的几何描述，这种描述方式跟重力一样。在广义相对论中，我们所谓的万有引力是时空在质量周围弯曲的结果。时空的四维几何只有在抽象数学中才能完全理解。但是，与橡胶片类似的概念，让广义相对论看得见摸得着；感觉起来很熟悉，简直触手可及。而且有趣的是，有些基本粒子如规范玻色子可以用类似的几何方式来描述（尽管你还是需要面对古里古怪的内部空间）。但这种几何方法对费米子不管用。

他说："我读研究生的时候，这个问题真是困扰了我很久。"

"为什么这个问题会困扰你？"

"因为我认为，宇宙必须能用一件事情来描述。"

161

"为什么？"

加勒特解释道：" 因为这样一来，宇宙看起来就必须是个始终如一的整体。"

" 你说你不喜欢描述电子的方式，两者并不矛盾。" 我说。

" 对。但我真的不喜欢。"

加勒特称，目前我们描述费米子的方式 " 不是自然的几何 "，并强调他说的 " 自然 " 这个词的意思，跟粒子物理学家的含义并不一样。

" 就是说，费米子跟引力、规范玻色子不一样，其几何描述并不自然。而这让我很困扰，非常困扰。但别人谁都不觉得困扰。"

" 超对称呢？ "

" 我也研究过超对称。但通常定义超对称的方式都非常别扭。从数学角度来讲，很不自然。然后吧，一旦有了这种描述玻色子和费米子的形式，就会要求对每一种粒子都必须有一个超对称伴侣。但我们还没见过这些超级伴侣，以后也见不到。" 他说，显然很高兴。

" 所以，我不迷恋超对称。我想找到费米子的自然描述。从读完博士我就开始找了，这也是我来毛伊岛的原因。"

"一开始我研究的是旧式卡鲁扎－克莱因理论。"加勒特告诉我，"我那时候也觉得这个理论挺漂亮 …… 但我没办法解出费米子。"[1]

一直到这里，加勒特的经历都跟我自己如出一辙。我一开始研究的也是旧式卡鲁扎－克莱因理论，被其魅力深深吸引，但对这种理论处理费米子的方式并不满意。但跟加勒特不一样的是，我用为期三年的博士奖学金付房租，我的人生理想也跟我出身的中欧中产阶级一样：有份好工作，有栋称心的房子，一两个孩子，舒适的退休生活，最后是一个有品位的骨灰盒，说不定解决引力量子化的问题。但搬到一座小岛上去肯定不在其列。

过了两年，我对卡鲁扎－克莱因理论的热情投入没有得到任何结果。我的导师强烈建议我换个课题，我转而研究大额外维数问题 —— 卡鲁扎－克莱因理论经阿尔卡尼－哈米德和合作者复兴的版本即将大放异彩。我想导师总该是有道理的，从此我跟加勒特的道路就不一样了。我进了粒子物理学的圈子，靠短期项目和合同来拿钱，定期尽职尽责地把论文撰写出来，论文内容都相当前沿。加勒特走的是少有人走的路。

"过了六年，我才完全把卡鲁扎－克莱因这些理论全都放下。"加勒特说，"我之所以这样做，是因为我没有学术惰性，因为我远在毛伊岛上一个人工作，没有学生，也没有政府拨款。"

162

---

1. 在第1章我们曾简单介绍过20世纪20，30年代的这个有额外空间维度的理论。

加勒特又从头开始，换了一个不同的角度，再来看这个问题。多年辛勤耕耘之后，他终于赢得了一项突破。他发现，所有已知粒子，既包括费米子也包括玻色子，都能用一个很大的对称性进行几何描述。而且跟传统的大统一理论不同，他的对称性里也包含了引力。

加勒特用于自己理论中的对称性，来自最大的例外李群 E8。"李群" [以挪威数学家索菲斯·李（Sophus Lie, 1842 — 1899年）的名字命名] 是一种特别漂亮的群，因为在其中也可以进行几何变换，就好像在我们周围熟悉的空间中一样。加勒特想要的正是这种特性。

李群有无数个。但 19 世纪末，德国数学家威廉·基林（Wilhelm Killing, 1847 — 1923 年）和法国数学家埃利·嘉当（Élie Cartan）给所有李群都分了类。结果表明，绝大部分李群可以分为四族，每族中李群的数量也是无限的。例如，标准模型的对称群 SU（2）和 SU（3）都是李群，从名称就可以看出，这两个群的结构非常相似。实际上，对任意正整数 N，都有个单李群 SU（N）。与此类似，还有三个无限的李群家族，各自的精确描述在这里可以不去关心。更重要的是，在这四族之外，还有五个 "例外" 李群，即 G2、F4、E6、E7 和 E8，其中 E8 是最大的。可以证明，以上为所有单李群。

想了解这到底有多古怪的话，不妨想象一下你准备上一家网站订购有数字 1、2、3、4 以致无穷的门牌号，然后你也可以订购一只鸸鹋、一个空瓶子、一座埃菲尔铁塔。例外李群待在井然有序的无限李群家族旁边，就有这么别扭。

"我写下来，发了篇文章，引起了很大轰动。"加勒特说着，回想起他的文章带来的媒体关注[1]。

他承认，那时候他的理论还有些不足之处；比如三代费米子并不能完全正确地出现。但那还是2007年。后来加勒特解决了部分遗留问题。然而他的杰作仍然还没完工，没能让他完全满意。

"但现在，我确实有个对费米子的自然描述。"加特勒说，"所以在某种意义上，我已经完成了研究生毕业后打算做的事情。我也发现了这个很大的E8李群，我没料到会有这么个发现。我没打算找到一个漂亮的万有理论——就算对我来说，那野心也太大了。"

"嗯，这是个很大的群。"我说，"你能把很多东西都装到这个群里面去，是不是特别意外？特别多东西，我的理解是，你还有额外的粒子，对不对？"

"对，有大概20个新粒子。"他承认了，又赶紧补充道："没有超对称理论那么多。"

---

1. Lisi AG. 2007. *An exceptionally simple theory of everything.* arXiv: 0711. 0770 [hep-th].

"我估计你这些额外粒子都太重了，所以我们观测不到？"

"对 —— 理论家通常都会这样虚晃一枪。但这个作用美得
164 无与伦比[1]。类似于最小表面上的作用。从很多角度来看，这都
是最简单的可能作用。很难想象自然可能会想改变这一点。"

"你怎么知道自然怎么想的呢？"

"啊，游戏规则就是这样。如果你想找到一个万有理论，那
你基本上自始至终都得考虑到自己的美感。"

"是什么让它这么美丽？你说过，你有这样的几何自然性。"

"对，这是自然的，因为一切都可以用几何来描述。你用的
是最大的单例外李群。这个群很丰满，但仍然是单李群，并且在
不同方向上可以做这些扩展，深入数学 …… 真是太好了。"

"你听起来像个弦论学家。"

"我知道！我知道我听起来像弦论学家！我的动机、欲望，很
多跟他们都一样。要是我集中了成千上万人三十年之功，致
力于E8理论结果失败了，那我就跟他们现在是完全一样的情
况了。"

---

1. 作用（action）为粒子物理学家用于定义理论的数学术语。

一开始的媒体关注淡去之后，加勒特·利西和他的E8理论很快就被遗忘了。物理学界很少有人对此表示过哪怕是一丁点兴趣。

我问："你们并没有吸引过多少关注，对吧？"

"对，在引起过那次轰动之后就再没有了。"

"这场炒作有什么好结果吗？"

"我爸爸再也不问我打算什么时候去找份工作了。"加勒特开玩笑说，"因为我上学的时候品学兼优，还拿了个博士，然后……我去了毛伊岛，成了个冲浪的无业游民，我爸妈就纳闷：'什么情况？'但我很开心。"

"在研究物理的时候，我必须来这个地方。在这里我心无旁骛，只想着我面前的东西——数学和结构。我在做这些的时候就没法去想我生活中其他的任何问题。从这个意义上讲，我是在逃避。"

作为冲浪的无业游民，他出人意料地充满了智慧。难怪网民会那么喜欢他。

加勒特问："你跟弗兰克[1]聊到过我们打赌的事儿吗？"

---

1. 指弗兰克·维尔切克。——译者注

我完全忘了这回事。2009年7月，加勒特和弗兰克赌了1 000美元，说接下来六年不会发现任何超对称粒子。

"但接着，大型强子对撞机就出了这些磁铁等等之类的小问题。"加勒特说，"所以，虽然去年七月约的时间到了，但因为数据还没完全出来，这不符合打赌的本意，于是我们都同意把赌约延长一年。"还有六个月到期。

我说："对，是有这么个说法，说大型强子对撞机应该能发现超对称。戈登·凯恩仍然认为，胶子必须在第二轮运行中出现。"

加勒特说："啊，最恶劣的是，他还声称预测了希格斯玻色子的质量，那时候所有的传言都已经传开了。在正式发布的前两天，他发表了这篇文章。然后发布的内容证实了传言，他就说，这是从弦论得出的预测！"

加勒特不是学术界的一员，这很明显。他不操心政府拨款，不操心学生的未来前景，也不操心同行、评委是否喜欢他的文章。他只是做着自己的事情，说着自己的想法。很多人都不适合这样。

2010年，加勒特就自己的E8理论给《科学美国人》写了篇文章[1]。他称之为"有趣的经历"，并回忆道："那篇文章要出来的

1. Lisi AG, Weatherall JO. 2010. *A geometric theory of everything.* Scientific American, December 2010.

时候，雅克・迪斯特勒（Jacques Distler），那个弦论学家，纠集了一大群人，说如果《科学美国人》发表我的文章，他们就抵制这本杂志。编辑考虑了一下这个威胁，请他们指出文章中哪里是错的。文章里没有任何地方有错误。我花了那么多时间在上面 —— 绝对不会有任何错误。但是，他们仍然坚持要威胁。最后，《科学美国人》决定无论如何还是把我的文章发了。就我所知，没带来任何不良影响。"

"我很震惊。"我真心实意地说。

加勒特说："弦论学家处境很艰难。30年来，他们一直在许诺会有个万有理论，但结果从未令人满意。他们觉得，有了这个神奇的额外维度空间，他们就能想出来，午饭前就能正确得出所有这些粒子。现在我们知道整个情况了 —— 彻头彻尾的失败。" 166

但加勒特对数学的依赖，跟弦论学家极为相似。

我问："你为什么那么确信，一定有万有理论？"

加勒特说："我们现在的标准模型就是一团糟。我们有混合矩阵，还有质量 —— 我们有那么多参数。我有个观点，就是所有这些伪随机参数都有个根本性的解释，并能产生一个统一的根本理论。"

"随机参数有什么问题？为什么必须很简单呢？"

"嗯，我们的距离尺度变小的时候，理论总是会变得越来越简单。"加勒特争辩道，"从化学开始，那些物质各有各的特性，零零散散。但基本元素就非常简单。如果你观察的距离更短，看到原子内部，还会变得更简单。现在我们有标准模型，似乎是完整的一组粒子和规范玻色子。有了我现在已有的结果，我想对费米子有个很好的几何描述。看起来似乎都只是一件事。对我来说，只是把科学道路外推罢了。如果我们看向更小的尺度，事情似乎就会显得更简单。"

"那是因为你取了个巧，从化学开始。"我说，"如果你从更大的尺度开始，比如说，星系的尺度，然后一步一步往下走，可不会变得更简单——首先会变得更复杂，会有生命在行星上爬来爬去，诸如此类。只有过了生物化学的尺度之后，才会又开始变简单了。"

"啊，肯定不是这么回事。"加勒特说，"我们知道基本粒子不可能像行星一样。我们知道，基本粒子是完全相同的。"

我解释道："没有'完全'这回事儿，精度总是有限的。但我的意思并不是基本粒子就像行星一样。我只是说，无论短距离上的理论是什么样子，都有可能并不比我们现有的理论更简单。简单程度并非总是随着分辨率的提高而增加。"

加勒特表示同意："是的，是可能会一团糟。也有可能是这样，有某种我们永远不可能通过实验得到的基本框架，我们也只能看到这一团乱麻待在这个基本框架之上。比如说麻省理工的文小刚，他就喜欢说自然定律从根本上就是丑陋的。但我很讨厌这个想法。我觉得，有一个简单、统一的描述能解释所有现象。"

我记下来，要联系一下文小刚。这时候，有个穿着短裤和夏威夷衬衫的哥们出现在凉台上。

加勒特帮我们介绍："这是罗伯，他是来烧烤的。"

加勒特今天要开Party庆祝生日，他邀请了一大帮朋友来烤动物尸体。

168

图13 E8的根系图，描绘了加勒特·利西的万有理论。每个符号都是一种基本粒子，不同符号是不同类型的基本粒子。连线则显示了哪些粒子通过三元性联系起来。我也不知道这都什么意思，但是确实很漂亮，对吧？（图片由加勒特·利西提供）

"我还以为到晚上才烧烤呢。"我说。

加勒特解释道："他的拿手菜是慢烧排骨，但你吃素，所以你应该不会喜欢这个。"

"就是说，今天接下来这里都得是排骨的味道咯？"

"对。"加勒特说，挥了挥手，好像要赶我走一样。"我要赶你去海滩啦。"

我到底还是去了海滩。海龟随波起伏，左窥右探，海水清澈，沙子很白，粗糙的颗粒形状很奇特。加勒特的女友克丽丝特尔告诉我，这种沙子是一种小鱼造出来的。这种鱼叫鹦嘴鱼，它们会大嚼珊瑚，消化完了之后再将排泄物还给海洋。这种鱼在夏威夷本地语言中的名字是 uhu palukaluka，翻译过来就是"松松垮垮的肠子"。一条成年鹦嘴鱼每年能产生 360 kg 以上的沙子，对整个种群来说，加起来就不知道有多少吨沙子了。

我涂好防晒霜，让脚趾钻到沙子里。我想，这儿也有一课需要我好好学习：只要你积累得够多，就算是屎，也能看起来光鲜得很。

本章提要

- 大统一理论将标准模型中的三种相互作用融合为一种，理论物理学家喜欢这样的思想。大统一理论的几次尝试都与实验数据矛盾，但这一思想仍然很受欢迎。
- 很多理论物理学家相信，经验证明，依赖于美的原则是正确的。但如果新的自然定律美的方式我们不熟悉，那么经验就无法帮助我们发现这些定律了。 169
- 过去几十年，科学有很大变化，但科学界尚未适应这种变化。
- 现在的学术组织鼓励科学家加入已经占据主导地位的研究项目，阻止科学家对自己的研究领域有任何批评。
- 科学家受到思想雷同的圈子支持，因此在评估理论的用处和前景以决定是否致力于该理论时，也受到了圈子的影响。 170

第 8 章
空间，最后的边疆

我试着去理解一位弦论学家，但功败垂成。

只是个谦卑的物理学家

一月，圣巴巴拉。我本来打算在 12 月慕尼黑的会议上跟约瑟夫·波尔钦斯基（Joseph Polchinski）谈谈，但临到跟前他又说不去了。我来圣巴巴拉拜访的时候，他从加州大学圣巴巴拉分校请了病假，在家休养。

我的博士后有一年是在圣巴巴拉度过的，但约瑟夫给我的街道地址是我以前未曾涉足的地方。这里的房子都挺宽敞，灌木丛修剪得很整齐，汽车闪闪发亮，青草绿意盎然。这里跟我以前熟悉的、学生住得起的地方离得很远。我在山脚下的窄路上慢慢开着，终于找到了位于小路尽头的房子，在车库前停好了车。才半下午，阳光很好。一个园丁经过，开的车颇像高尔夫球车。棕榈树在风中摇摆。

在按门铃时我犹豫了。我一般不会跑到家里来找一位病人。

但约瑟夫对我们的会面一直非常热情，他说，慕尼黑会议的话题——"为什么相信一个理论？"——已经在他脑子里转了好久。[171]他大半辈子都在研究弦论的数学方法。我来这里是想知道，为什么我们应当相信数学。

弦论简史大概是这个样子：起初，弦论是作为描述强相互作用的备选方案发展起来的，但物理学家很快发现有另一个理论，即量子色动力学更能胜任这项任务。但他们也注意到，弦与弦之间在交换一种看起来很像引力的作用力，于是弦作为万有理论的角逐者重生了。在弦论思想中，所有粒子都由不同构型的弦组成，但弦这样的亚结构太小，在目前能达到的能量上我们看不到。

为了保持一致，弦论学家不得不假设，弦所处的世界不是三维空间，而是二十五维（再加上一个时间维度）[1]。这些额外维度没有人见过，因此弦论学家进一步假设：这些维度大小有限，或者说"被压缩"了，就像一个（高维的）球，而不是一个无限的平面。由于解析短距离需要很高的能量，如果这些额外维度够小，我们就注意不到。

接下来弦论学家发现，要让他们理论中的真空不会衰变，就必须引入超对称。这让总的维度从25维下降到了9维（再加上一个时间维度），但对压缩的需求仍然存在。我们还没观测到

---

1. 就跟"鬼不存在"一样没法证明。

超对称粒子，因此弦论学家假设：超对称在很高的能量就破缺了，所以超级伴侣就算存在，也还无法看到。

　　没过多久人们也注意到，超对称就算在很高的能量破缺了，也会跟实验数据不一致，因为超对称会让在标准模型中通常不可能的一些相互作用成为可能，我们现在也没见过这些相互作172 用。于是有人发明了 R 宇称，当这种对称性与超对称结合时，就会禁止没观测到的这些相互作用出现，因为会与新的对称假定相矛盾。

　　但问题没有到此为止。一直到 20 世纪 90 年代，弦论学家都还只处理过宇宙学常数为负值的时空中的弦。到宇宙学常数测出来为正值时，弦论学家就必须很快找到办法来协调。他们发展出一种对正值也有效的结构，但对于负宇宙学常数的情形，弦论仍然是最好的解释[1]。多数弦论学家也仍然在致力于这一情形，不过这种情形并没有描述我们这个宇宙。

　　这么多修正要是能成功创造一种独特的万有理论，上面的问题也就都无关紧要了。然而物理学家发现，这个理论允许存在大量可能的构型，每种构型都来自可能的不同压缩，在低能级下也会带来不同的理论。由于构建这个理论的方式实在太多 —— 目前的估计是约有 10^{500} 种 —— 有理由相信，标准模型也是其中之一。但还没有人从中找到标准模型，而且考虑到可

1. Kachru S, Kallosh R, Linde A, Trivedi SP. 2003. *De Sitter vacua in string theory*. Phys Rev. D 68 : 046005. arXiv:hep-th/ 0301240.

能性有那么多种，很可能永远不会有人找到。

作为回应，多数弦论学家放弃了他们的理论会唯一确定自然定律的想法，转而拥抱多重宇宙，其中任何可能的自然定律都会是某个宇宙中的真实情形。现在他们正在尝试为多重宇宙建立概率分布，在这个分布中，我们的宇宙至少是可能的。

其他弦论学家将物理学基础完全抛诸脑后，试着在别的地方找到应用，比如说用弦论技术来理解大型原子核（重离子）的碰撞。在这样的碰撞中（这也是大型强子对撞机计划的一部分），可以产生并短时间存在夸克和胶子的等离子体。等离子体的表现用标准模型很难解释，不是因为标准模型不管用，而是因为没人知道该怎么计算。因此，核物理学家对来自弦论的新方法乐见其成。

173

但很不幸，在弦论基础上对大型强子对撞机做出的预测与实验数据不符，于是弦论学家悄悄掩盖了他们的尝试[1]。现在他们声称，他们的方法在解释某些"奇怪"金属的表现时是有用的，但就连弦论学家约瑟夫·康伦（Joseph Conlon），都把用弦论来描述这些材料，比作拿着阿尔卑斯山的地图去喜马拉雅山旅行[2]。

1. Hossenfelder S. 2013. *Whatever happened to AdS/CFT and the quark gluon plasma?* Backreaction, September 12, 2013. http://backreaction.blogspot.com/2013/09/whatever-happened-to-adscft-and-quark.html.
2. Conlon J. 2015. *Why string theory?* Boca Raton, FL: CRC Press, p. 135.

弦论学家一直努力适应矛盾证据，这已经成了笑料，于是很多地方的物理系都会留几个弦论学家，因为舆论喜欢听到他们努力解释万物的英雄故事。普林斯顿高等研究院的弗里曼·戴森（Freeman Dyson）在解释这个话题为什么那么受欢迎时说："弦论很有吸引力，是因为能带来工作。而弦论领域为什么产生了那么多工作职位呢？因为弦论惠而不费。如果你是某个野鸡大学物理系的头儿，没多少钱，建不起现代实验室来搞实验物理，但还是养得起几个弦论学家，那么你会提供几个弦论领域的工作职位，你的物理系就高大上了。"[1]

弦论历史的另一种讲述方式如下：起初，弦论是作为描述强相互作用的备选方案发展起来的，但物理学家很快发现另一个理论，即量子色动力学，更能胜任这项任务。但他们也注意到，弦与弦之间在交换一种看起来很像引力的作用力，于是弦作为万有理论的角逐者重生了。

值得注意的是，弦论天然与超对称理论珠联璧合，后者则单独被发现是时空对称性最普遍的延伸。更加值得注意的是，虽然一开始发现了好几种不同类型的弦论，结果却表明这些不同的理论可以通过"对偶变换"彼此关联。这种对偶变换将一个理论描述的对象等同于另一个理论描述的对象，从而揭示出两种理论是可以互换的描述，实际上是同一种物理学。这让弦论学家爱德华·威滕（Edward Witten）猜测，弦论有无数种，彼此

174

---

1. Dyson F. 2009. *Birds and frogs.* Notices of the AMS 56（2）：221.

相互关联，也都从属于一个更大的、独一无二的理论，叫作"M理论"。

弦论还在继续让物理学家大跌眼镜。20世纪90年代中期他们注意到，这不仅仅是个关于弦的理论，也包含了高维的"膜"。利用这种新认识，弦论学家得以研究黑洞的高维"亲戚"，并重新得出已知的黑洞热力学定律。这个意外收获甚至打消了弦论在物理上是否有意义的怀疑。尽管黑洞物理学仍然神神秘秘，弦论学家还是离解决剩下的问题越来越近。

弦论学家的物理直觉也带来了数学发现，尤其涉及被压缩的额外维度的几何形状，即所谓的"卡拉比－丘流形"[1]。例如，物理学家发现，一对对几何上极为不同的卡拉比－丘流形，可以通过镜像对称联系起来，这个认识，数学家很难理解，但此后还是引发了很多后续研究。弦论也让数学家理查德·博赫兹（Richard Borcherds）得以证明"魔兽月光猜想"，即最大的已知对称群 —— 魔群 —— 与某些函数之间的关系[2]。弦论与魔群的数学之间错综复杂的关联，最近也激发了另一些人去探索魔群潜在的相关性，以理解时空的量子特性。

弦论研究也带来了近几十年基础物理学的最大突破，即

---

1. 关于弦论与数学之间的关联，下面这本书有精彩论述：Yau S-T, Nadis S. 2012. *The shape of inner space: string theory and the geometry of the universe's hidden dimensions*. New York: Basic Books.
2. 下列著作中可以找到对此关系简单易懂的解释：Ronan M. 2006. *Symmetry and the monster: the story of one of the greatest quests of mathematics*. Oxford, UK: Oxford University Press.

"规范–引力对偶"。这种对偶也是两种不同理论之间结构上的等同，表明两种理论实际上描述的是同一种物理学。根据规范–引力对偶，某些引力理论可以等价表述为规范理论，反之亦然[1]。
175 这尤其意味着物理学家可以用广义相对论来做规范理论中以前数学上极难对付的计算。

这种对偶除了让人惊讶一番之外别无用处，因为相对应的两种理论起作用的维数不一样：规范理论的时空，空间维度比引力理论的时空少一个。这就意味着我们这个宇宙——连同我们在内——可以在数学上塞进二维空间中。就跟全息图一样，这个宇宙只是看起来好像是三维的，实际上可以在二维平面上对其编码。

这可不只是一种新的世界观。弦论学家也已经将规范–引力对偶应用到包括夸克–胶子等离子体和高温超导在内的等等情形，尽管还得不到定量结果，定性结果还是有希望的。

两种历史讲述方式都是真的。要是你选择其一，无视其二，那就更有意思了。

约瑟夫不只是写了本弦论领域最早的教科书，在弦论发展历程中也扮演了重要角色，因为他证明，弦论并非只跟一维对

---

1. 这一关系经常被更具体地叫作 AdS/CFT 对偶，强调引力理论是在反德西特空间（AdS，宇宙学常数为负值的时空）中，而规范理论是在少一维的空间中（超对称）的共形场论（CFT），与标准模型的理论类似，但并非完全等同。

象有关，也包含了高维的膜。几天前他刚发表了一篇文章，论述了他对非经验标准在评估理论前景时是否有用的想法，所讨论的理论就是弦论。

我跟他的妻儿握了手，脱下鞋，踮着脚尖走过地毯，窝到沙发里。

"您对理查德·达维德关于非经验理论评估的这个观点有什么看法？"我开始发问。

"我不知道这几个词是什么意思。"约瑟夫说，"我只不过是个谦卑的物理学家，试图理解这个世界。但我觉得，他所说的跟我自己的思考方式非常接近。如果我问自己：'以我在这一生中已经收集到的证据为基础，我想钻研什么问题？最有前景的方向有哪些？最有可能成功的方向是哪些？'那我就需要如此这般评 176 估一番了。而且我相信，有明确证据 —— 我数出来有六种 —— 证明，弦论是正确的方向[1]。"

"达维德谈到的有些事情似乎跟我思考这些问题的方式一致。但同时，'非经验'……之类的字眼，我没想过。"

他满怀期待地看着我。

---

1. Polchinski J. 2015. *String theory to the rescue.* arXiv:1512.02477 [hep-th].

　　我表示同意："我相信，达维德的意思跟您说的一模一样。很明显，我们在数据之外也考虑了其他事实 —— 很可能一直都是这样。但现在，想出一种假说和验证这种假说之间的时间间隔变得越来越长，这就让用数据之外的方法来评估理论变得越来越重要。"

　　"对。"约瑟夫说，"马克斯·普朗克100多年前就看出来这一点了，那时候，在我们能测量的能级和我们可能需要达到的能级之间，差了25个数量级。现在还差15个数量级。有很大希望在低能级看到些什么 —— 这是你的专业，量子引力现象学：尝试找出所有可能的方法，好让我们能看到低能级或许能得到的东西。这是我们都想要的。但很不幸，到现在我们见到的一切都是否定的。"

　　"我想，你一直在非常努力地尝试区分听起来是个好主意的想法和看起来不像个好主意的想法。我确实当你是个自个儿非常努力的人。做这些很重要。尽管这样子真的是吃力不讨好，因为坏主意的数量比好主意的数量增加得快得多。而且有时候，要发现错误的原因比制造错误要花的时间多得多。"

　　这可能是我听过的用最善意的方式说我是个傻冒。

　　约瑟夫接着说："寻找现象学的人，都要面对同一个问题：他们必须跨过剩下的15个数量级。这个问题非常难。对大部分弦论现象学来说，一般并不是说你有个理论，而是你有个可能

的现象学，有一天可能会成为理论的一部分。这也并不是因为 177
人们在做错误的事情，而是因为推导现象学是个非常困难的问
题。因此，在这个课题的任何一部分，我们都必须以比我们习惯
的长得多的时间尺度来思考。"

"这都怪普朗克。要是他提出的数字小一点……"

普朗克能量是我们应该开始关注时空的量子涨落的能量
级。这个能级约为 10^{18} GeV，与我们用对撞机能达到的能量比起
来，仍然是个庞然大物（参见图14）。在目前能达到的能量和大
统一理论与量子引力应当相关的能级之间的巨大间隔，通常叫
作"荒漠"，因为就我们现在所知道的来看，这个区间可能不会
产生新现象。

如果想直接达到普朗克能量，我们就得有个银河系大小的
粒子对撞机。或者，如果我们想测量引力场的量子 —— 引力子，
探测器就得有木星那么大，而且不是随便放在哪儿都行，而是
必须位于环绕强大引力子源的轨道上，比如说中子星。显然这
些不可能是我们很快就能搞到钱来做的实验。因此，很多物理
学家对检验量子引力的前景都很悲观，这也带来了哲学难题：178
如果无法检验，那还算科学吗？

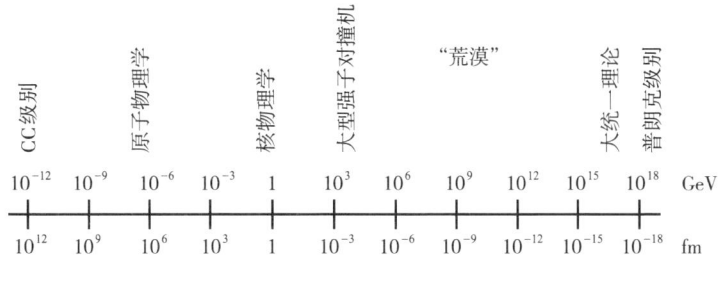

图14　能量级别，CC 代表宇宙学常数。

　　但很少有理论物理学家担心这个难题，因为这不只是审美的问题，也是一致性的问题。

　　标准模型和广义相对论的结合带来了内在矛盾：在普朗克能量之上，无法描述任何观测结果。因此我们知道，只是将两种理论简单地合二为一是不行的，必须有个更好的办法。

　　矛盾的根源是，广义相对论并不是量子理论，但仍然必须处理有量子特性的物质和辐射。比如按照标准模型，电子可以同时位于两个位置，因为电子是由波函数来描述的。而根据广义相对论，电子的质量会令电子周围的时空弯曲。但是在哪个位置周围？广义相对论无法回答这个问题，因为广义相对论的弯曲没有量子特性，无法同时位于两个位置。

　　我们无法测出答案，因为电子的引力太弱了，但没关系 —— 无论是否能被检验，理论都应该能明确回答问题。

这样的一致性问题很少见，但也是极其有效的指引。希格斯玻色子就是这种必要性预测的例子。标准模型中如果没有希格斯玻色子，就会在大型强子对撞机能达到的能量上变得自相矛盾，因为有些计算的结果会变得跟概率诠释不符[1]。因此，我们知道，大型强子对撞机中必须发生点什么。

没有证据好过一切假设，因此到现在仍不可能证明，大型强子对撞机中必须发生点特别的事情。可以是希格斯玻色子之外的什么 —— 比如说，电弱相互作用说不定会变得出乎意料地强。但我们知道必须发生点什么，因为到现在为止我们已有的理论并不一致。如果你想开脑洞，不妨试着想象一下：自然表现出真正的逻辑矛盾，或是遵守另一种更加复杂的逻辑。但那同样意味着"新东西"。

然而，期待希格斯玻色子之外的新粒子在大型强子对撞机中出现，并非出于必要性，而是出于这样一种信念：自然想避免微调过的参数。

约瑟夫说："希格斯玻色子的质量大大出乎我们意料，因为到现在，超对称都还没有被发现。就算现在发现了，数字已经被那么强调，仍然有大量微调。我不知道该怎么看这个事儿。但我也没有更好的答案。因为宇宙学常数这个问题太大了。对希格斯玻色子的质量总得做点什么。"

---

1. 散射 W 玻色子的横截面。

　　"刚开始我们有两种思路 —— 特艺彩色和超对称 —— 来解决希格斯玻色子质量的问题。在特艺彩色中，解决方案是把粒子看成是复合的。但是，这一思路似乎很快就变得更加复杂，也没多大希望。然而现在，超对称也落入了同样的境地。超对称曾经非常美丽，也很容易得到支持，但现在变得越来越难了。我仍然希望我们能发现超对称。这样说不定我们就能理解，为什么超对称在高能级是以比我们预期的更为微妙的方式实现的。"

　　"我不知道为什么超对称还没有被发现，也不知道这对未来意味着什么。现在人人都很兴奋，因为有了 750 GeV 来颠这么一下[1]。你知道是怎么回事。"

　　"是什么让超对称如此美丽？"我问道。

　　"用到像是'美丽'这种字眼的时候我总是很小心。这些词定义得很糟糕。"约瑟夫说，"我写过一篇对狄拉克工作的评论[2]。狄拉克受美的驱使非常厉害。在评论结尾我写道：'你看到美时能认出米这就是美，而美就在这里。'但我想，某种意义上我避开了这个词。"

　　"我想，我受到几何驱使的程度比很多人都要轻。会让我印象深刻的思路，是那些把之前没有明显关联的事物联系起来的

180

---

1. 指双光子异常。
2. Polchinski J. 2004. *Monopoles, duality, and string theory*. Int J Mod Phys. A 19 S1: 145–156. arXiv:hep-th/0304042.

想法。就像我们知道世界上有玻色子和费米子，将我们的领域以前的发展方式外推，如果有某种方式能让玻色子和费米子联系起来，那就太好了。"

"所以，超对称提供了人们希望看到的那种联系。超对称提供了费米子和玻色子之间的关联，以及为什么希格斯玻色子不够重，还为宇宙学常数提供了也这样行事的可能性。但是对宇宙学常数没起到作用，要怎么办，现在还没有任何好主意……"

他的声音越来越轻，最后他总结道："也说不定，所有这些在更高的能级都是真的，但对我们现在的观测没什么用。"

有一阵他凝视着我后面的窗户外面。然后他突然问我，要不要来杯咖啡，或别的什么喝的。我谢绝了，他便拿了些笔记出来。

建在石头中的火墙

在为慕尼黑的会议做准备时，约瑟夫把支持弦论的数学证据列了个清单。我留意到，他的清单跟我已经听过的美的各个方面相当契合。

约瑟夫告诉我，他相信弦论首先是因为，这个理论能将引力成功量子化。这个问题已有的解决方案并不多。而且，一旦你接受了弦的概念，构建这个理论时就没有太多自由发挥的空间了。我想，这两个原因具备"严格"的魅力，尼玛·阿尔卡尼-哈米德和史蒂文·温伯格也都曾提到过。

约瑟夫接着提道，另一个支持弦论的特征是几何性 —— 这一方面对加勒特·利西极为重要 —— 不过约瑟夫补充说，对他而言这一点"算不上很重要"。

约瑟夫的清单上，接下来两点是他称为"联系"，而哲学家达维德称为"解释性终结"的情形。如果想让理论优雅，就需要有这两点带来的"惊喜"。约瑟夫指出的两种联系是：（1）由规范-引力对偶揭示的新认识（"我们生活在全息图中"）；（2）弦论对黑洞热力学的贡献。

数量足够大的一团物质在自身重力作用下坍缩，就会形成黑洞。如果这团物质没能产生足够的内压，比如，恒星烧尽了全部燃料，就会继续坍缩，直到集中到一个奇点。只要物质足够集中，其表面引力就会变得极大，就连光都没办法逃出去：黑洞就这样诞生了。陷阱区域的边界叫作"事件视界"。刚好在视界上发出的光会无法逃脱，永远环绕黑洞运动；由于任何东西的速度都不可能比光速还快，也就没有任何东西能从黑洞内部逃出来。

这个视界并不是一个物理界限。视界上没有物质，其存在也只能从远处推断出来，而不是接近这个视界的时候能感觉到。实际上，只要黑洞足够大，你穿过其视界时完全可能不知不觉。

这是因为在自由落体时，我们感觉不到引力，只能感觉到引力的变化，也就是潮汐力。而潮汐力与黑洞质量成反比，黑洞越大，潮汐力就越小。

实际上，如果你落进一个特大质量黑洞，比如位于银河系中心的黑洞，潮汐力会小到让你根本注意不到自己是什么时候穿过视界的。假设你头朝下掉进去，潮汐力对你头部的拉力就会比脚部的要大一点，所以你会被拉伸。视界上的拉伸微乎其微，但随着你越来越接近黑洞中心，拉伸开始让你不舒服，但那时候你想回头也来不及了。你的死因用术语来讲就是"拉面致死"。

黑洞曾经只是一种推测，但过去二十年，天文学家收集了压倒性的证据证明黑洞存在，既有恒星质量的黑洞（由烧尽坍缩的恒星形成），也有特大质量黑洞（相当于100万到1 000亿 [182] 个太阳质量）。大部分星系中心都能找到特大质量黑洞，虽说现在还不清楚这些黑洞究竟是怎么长到这么大的。我们自己这个星系中的那个特大质量黑洞，叫作人马座A*（读作"A星"）。

目前黑洞存在的最佳观测证据来自黑洞附近的恒星轨道和气体，再加上缺少吸积物撞击某个表面时应该有的辐射。轨道告诉我们有多少质量压缩在被观测的这部分空间，缺少辐射则能告诉我们，这个对象不可能有坚硬表面。

但黑洞不只是让实验学家神魂颠倒，理论学家也同样为之心醉神迷。最让他们心旌摇荡的，是史蒂芬·霍金的一个计算结果。1974年霍金证明，尽管任何东西都不能逃离视界，黑洞仍然会通过辐射粒子损失质量。现在我们叫作"霍金辐射"的粒子是由视界附近物质场的量子涨落产生的。粒子由引力场中的能量成对产生，每隔一段时间，总会有一对粒子当中的一个逃脱，另一个则坠入深渊，使黑洞质量出现净损失。这种辐射包含所有类型的粒子，可以用黑洞的温度来描述，而黑洞的温度与质量成反比 —— 也就是说质量越小的黑洞越热，而且随着黑洞蒸发，其温度会升高。

　　我来强调一下，霍金辐射并非由引力的量子效应引起，而是弯曲的非量子时空中物质的量子效应的产物。这样一来，只需要用已经充分证实的理论就能计算。

　　黑洞蒸发对理论学家来说为什么那么迷人？因为霍金辐射不包含任何信息（除了温度的值）；辐射是完全随机的。但在量子理论中，信息不会被破坏。信息可以变得极为混乱，以至于实际上不可能恢复，但原则上，量子理论中的信息总是守恒的[1]。如果烧掉一本书，书中的信息只是表面上丢失了；实际上，信息只是转变成了烟雾和灰烬。尽管烧掉的书对你来说再也没有任何作用，跟量子理论也还是没有矛盾。我们知道的会真正破坏信息的过程，只有黑洞蒸发。

183

1.“信息”一词在此有点用词不当，因为问题并不在于信息究竟是什么意思。带来问题的是黑洞蒸发根本上不可逆。

因此有了这个难题：一开始我们是想把引力和量子理论结合起来，结果发现引力跟量子理论不相容。必须放弃点什么，但放弃什么呢？大部分理论物理学家——连我在内——都觉得，我们需要一个量子引力理论来解决这一问题。

到2012年，很多弦论学家都相信，他们用规范-引力对偶解决了信息丢失问题。有了这一对偶，黑洞形成和蒸发过程中发生的任何事情，都能用规范理论等价描述。而在规范理论中，我们知道这个过程是可逆的，因此黑洞蒸发必须也是可逆的。这并没有解释信息是怎么从黑洞里出来的，但证明了在弦论中不存在这个问题。更妙的是，有了这种方法，弦论学家能数出有多少种方式制造一个黑洞，也就是黑洞的"微观态"有多少种。结果与霍金计算的温度完美契合。

对弦论学家来说，一切看起来都很完美。但接下来发生了意想不到的事情：加州大学圣巴巴拉分校的约瑟夫·波尔钦斯基等人的计算表明，他们本以为正确的解释不可能正确[1]。

霍金辐射——不包含信息的那种——与广义相对论是相容的，而根据广义相对论，自由落体的观测者应该不会注意到自己穿过事件视界。但波尔钦斯基等人证明，如果强迫霍金辐

1. Almheiri A, Marolf D, Polchinski J, Sully J. 2013. *Black holes: complementarity or firewalls?* J High Energy Phys. 2013（2）：62. arXiv: 1207.3123 [hep-th]. 或者是号称他们证明了——他们的证明依赖于一个不必要的隐藏假设，如果放弃这个假设，整个问题都会消失。见 Hossenfelder S. 2015. *Disentangling the black hole vacuum*. Phys Rev D. 91：044015. arXiv:1401.0288.

射中包含信息，视界就必须被能量极高的粒子包围，任何掉进黑洞的事物都会很快被烧光，黑洞周围将围绕着一层他们所谓的"火墙"。

火墙给弦论学家带来了双输的局面：摧毁信息就会毁掉量子力学，释放信息就会毁掉广义相对论。但对一个致力于结合量子力学和广义相对论的理论来说，这两个选项都无法接受。

这篇关于火墙的论文发表后，四年内被引用了500余次，但至于说拿这个火墙怎么办，没有达成任何共识。

太阳质量的黑洞和特大质量黑洞的温度都太低，比已经低到微乎其微的宇宙微波背景的温度都还要低得多，没有办法测量。而我们目前能观测到的黑洞，通过吞噬周围环境中物质得到的质量，比通过霍金辐射损失的质量要多得多。因此没办法通过实验来探究任何想要理解黑洞蒸发的尝试。这纯粹是个数学问题，不会受到任何实验数据干扰。

数学与希望：案例研究

约瑟夫的清单上，第六个也是最后一个支持弦论的数学证据是多重宇宙。不过，将多重宇宙列为弦论应有的特性，对他来说并不容易。

约瑟夫告诉我，在拿到博士学位后，他试图解释宇宙学常

数的值 —— 当时人们认为这个值是零 —— 但没办法找到解释。随后史蒂文·温伯格提出，宇宙学常数是个随机参数，在这种情况下，我们只能计算我们能观测到的最可能的值。

约瑟夫告诉我："温伯格提出他的观点的时候，我说，不对。我想计算出这个常数，我不希望这是个随机数值。"

温伯格没说宇宙学常数所有的随机取值都在什么地方；他只是假定，必定有大量宇宙。就此而言，这个想法真的相当模糊不清。但这个局面会变化，而约瑟夫在其中起了很大作用。

他详细说道："加州大学伯克利分校的拉斐尔·布索（Raphael Bousso）和我随后证明，弦论似乎刚好提供了温伯格需要的那种微观定律，这让我很绝望。"数学揭示了另一个联系,[185]但这个联系不只是出乎意料，而且不受欢迎。

约瑟夫说："我希望这个结论会消失，但并没有消失。就是在人们开始研究这个问题之后，我都还是希望它会消失。我真的不得不为了这个去看心理医生。这让我很不开心，我感觉它正在夺走我们关于基础物理基本性质的最后一条重要线索，因为我们曾希望能计算出来的东西，现在变成随机的了。"

宇宙学常数被测量出来，温伯格的预测完全正确。多重宇宙证明了自己有用。

约瑟夫回忆道："过了几年，肖恩·卡罗尔提醒我，我曾答应他，找到宇宙学常数之后他可以用我的办公室，因为我觉得那将是物理学的末日。这么多年我都觉得，我们前进的道路很大程度上都被封锁了。"

"说实话，"约瑟夫补充道，"我有很严重的焦虑倾向，有时候这让我的生活困顿不堪。但有了多重宇宙，我终于开始认为，可能我真的应该去看看医生。真的，因为多重宇宙，我最后跑去看了心理医生。"他边说边大笑起来。

但约瑟夫慢慢接受了新形势。现在他认为，弦论提供了一系列解决方案，让我们有可能预测概率，这是个好处。

约瑟夫继续说道："回到科学故事中，抛开我希望什么成真的这个问题，弦论提供了温伯格完成拼图所需要的那一小片。"

对我来说，约瑟夫的故事揭开了科学家很少谈论的一个困难：接受真相会很难，尤其是如果真相很难看。

在事物的自然秩序中找到美丽和意义，这是人类的热望，科学家也不能免俗。心理学家欧文·亚隆（Irvin Yalom）认为，无意义是我们生存的四大恐惧之一，我们会努力避免[1]。实际上，很多认知缺陷，比如我们倾向于一厢情愿地思考（心理学家喜

---

1. 另外三项是死亡、孤独和自由。参见 Yalom ID. 1980. *Existential psychotherapy*. New York: Basic Books.

欢称之为"动机性认知"），就是为了保护我们不受严酷现实的伤害。

但作为科学家，你必须放弃舒适的幻想，这并不总是很容易做到的。你的方程所揭示的可能并不是你所希望的，而且代价可能会非常大。

约瑟夫是我认识的人里面最理智、最诚实的，无论一个观点将把他带往何方，无论他是否喜欢，他都总是心甘情愿去顺应，黑洞火墙和多重宇宙的例子就是证明。这让他成为思路特别清晰的思想家，尽管有时他完全不喜欢逻辑强加给他的结论。也正是出于这个原因，我们才会在理论物理学中运用数学：如果数学是对的，结论就不可否认。

但物理不是数学。就算是最好的逻辑推断，也仍然依赖于我们一开始提出的假设。在弦论中，这些假设包括狭义相对论的对称性，以及量子化过程。没办法证明这些假设本身。到最后，只有实验能决定关于自然的哪种理论才是正确的。

约瑟夫的访问结束了。他说，对他来讲，弦论目前面临的最大问题是黑洞火墙。他解释道，这个问题"告诉我们，我们知道的没有我们以为我们知道的那么多"。

"在你看来，在走向万有理论的道路上，我们已经走了多远？"我问道。

"我讨厌'万有理论'这个词，因为'万有'的定义很糟糕，也很放肆。"约瑟夫说了句题外话。随后他接着说道："我觉得弦论还不完整。弦论需要新的想法，也许来自圈量子引力。如果是那样，这两个方向就会融合为一个方向……这说不定会是我们需要的方向。但弦论已经那么成功，因此即将取得进步的人就是那些将以这个想法为基础的人。"

187

弦论及其不满

斯蒂芬·金（Stephen King）1987 年的小说《绿魔》（*The Tommyknockers*）开篇是在树林中，罗伯塔被一块从土里露出来的金属绊倒。她想把这块金属拔起来，但金属不肯就范，于是她开始挖。很快，其他人也加入了她的狂热当中，想挖掘出底下到底埋着什么：巨大、用途不明的物体，延伸到地底深处。随着他们挖出来的部分越多，挖的人的健康状况不断恶化，但他们也拥有了一些新技能，包括心灵感应和超级智能。最后他们发现，这是外星人的宇宙飞船。有些人死掉了。剧终。

斯蒂芬·金自己称《绿魔》是"一本很糟糕的书"[1]。说不定有点道理，但这是对弦论的绝妙好喻：深埋在数学中、目的不明的外星陌生事物，一群越来越狂热、智力超群的人用尽全力要挖个底朝天。

---

1. Greene A. 2014. *Stephen King: the Rolling Stone interview.* Rolling Stone, October 31, 2014.

他们还是不知道弦论是什么，就连弦论学家最好的朋友约瑟夫·康伦都神神秘秘地称之为"某物的一致结构"[1]。而意大利理论物理学家达尼埃莱·阿马蒂（Daniele Amati），该领域的创立者之一，则认为"弦论是属于21世纪的物理学，却偶然落在了20世纪"[2]。我知道，这个说法在20世纪更让人信服。

但是，尽管舆论对弦论有那么多争议，在物理学圈子里却鲜有人怀疑其用途。跟漩涡理论不一样，弦论的数学深深植根于明显描述了自然的理论中：量子场论和广义相对论。因此我们可以肯定，弦论与现实世界有关联。我们还知道，弦论可以用来更好地理解量子场论。但弦论到底是不是备受追捧的量子引力理论，是不是标准模型相互作用的统一，我们仍然不得而知。

支持弦论的人愿意指出，既然弦论是量子引力理论**之一**，也将我们已经知道是正确的理论关联了起来，似乎很有理由希望，这就是**唯一**的量子引力理论。弦论的数学如此庞大又如此美丽，他们无法相信，自然不会选择这种方式。 188

例如，瑞典理论物理学家拉斯·布林克（Lars Brink）和比利时理论物理学家马克·埃诺（Marc Henneaux）合著的一本广泛使用的弦论教材就是这样开篇的："近年来，弦论几乎无法抗拒的美丽，吸引了很多理论物理学家。就连最顽固的人也被他

---

1. Conlon J. 2015. Why string theory? Boca Raton, FL: CRC Press, p. 236.
2. Witten E. 2003. *Viewpoints on String Theory*. Nova: The Elegant Universe. PBS. http://www.pbs.org/wgbh/nova/elegant/viewpoints.html.

们已经能看到的，以及更多成功的迹象所折服。"[1] 加州大学的约翰·施瓦茨（John Schwarz）是弦论领域的另一位创立者，他回忆道："弦论的数学结构太美了，还有那么多不可思议的特性，肯定指向深层的真理。"[2]

然而，数学本身就充满了神奇和美丽的内容，但大部分都没有描述这个世界。我可以一直唠叨到永恒暴胀的尽头，说我们没能生活在一个复杂的六维流形中是多么不幸，因为那种空间中的微积分比起我们要面对的真实空间来，要漂亮得多。但这不会带来任何区别。大自然不在乎。此外，不但没有人证明弦论是唯一遵循广义相对论和标准模型的理论，而且完全不可能证明，因为 —— 加入我的大合唱吧 —— 没有证据好过一切假设。

我们永远无法证明，这些假设是正确的。因此，弦论既不是量子引力的唯一选择，也不是统一的唯一方式；只不过其他方式采用了不同的假设作为起点，比如加勒特·利西的 E8 理论，就始于自然界在几何上应当是自然的这一前提。不过除了弦论，只有少数几种量子引力理论已经发展为有一定规模的研究主题。

目前，弦论最大的竞争对手是圈量子引力。为防止出现人们尝试将引力量子化时通常都会出现的那些问题，圈量子引力

---

1. Brink L, Henneaux M. 1988. *Principles of string theory*. Boston: Springer.
2. Greene B. 1999. *The elegant universe: superstrings, hidden dimensions, and the quest for the ultimate theory*. New York: WW Norton, p. 82.（本书中译本《宇宙的琴弦》已由湖南科学技术出版社出版。——译者注）

提出新的由量子构成的动态变量，比如时空中的小圈（并因此得名）。支持圈量子引力的人认为，从一开始就考虑广义相对论的原则，比考虑标准模型作用力的统一更重要。弦论学家的观点与此相反 —— 他们认为要求所有作用力都统一，能带来额外指引。

"渐近安全引力"可能是我们现有理论最保守的延展。这个领域的研究人员指出，我们认为将引力量子化会有问题是不对的。他们声称，如果我们仔细观察，通常的量子化就会运行良好。渐近安全引力理论防止了引力量子化会出现的问题，因为引力在高能级变弱了。

"因果动力学三角测量"首先通过用三角形拟合时空（并因此得名）再继之以量子化来处理这个问题。近年这个思路取得了很大进展，尤其是在描述早期宇宙的几何方面。

另外还有几种量子引力方法，但以上是目前最受欢迎的几种[1]。目前几乎将引力量子化的所有尝试都假定，我们在标准模型和广义相对论中发现的对称性，已经揭示了底层结构的部分真相。另一种完全不同的看法是，我们观测到的对称性，本身并不是基本的，而是涌现的。

---

1. 最不受欢迎的一种是我提出来的。我认为，我们是在努力解决错误的问题 —— 我们需要了解的，不是引力在短程会发生什么，而是量子化在短程会发生什么。参见 Hossenfelder S. 2013. *A possibility to solve the problems with quantizing gravity*. Phys Lett B. 725:473 – 476. arXiv:1208.5874 [gr-qc].

美丽涌现

文小刚是麻省理工学院凝聚态物理的教授。他这门学科要面对的是有很多粒子共同形成的系统，像是固体、液体、超导体等等。用第 3 章的话来说，凝聚态物理用的是"有效理论"，只在低分辨率或者说低能量时有效，并非物理学基础的一部分。但文小刚认为，宇宙及其间万物，都表现得跟凝聚态一样。

在他的想象中，空间由微小的基本单元组成，我们认为属于标准模型的那些粒子，都只是这些基本单元的集体运动——"准粒子"。文小刚也有一个准粒子，就是引力子，因此引力也涵盖进来了；他想要的是全须全尾的万有理论[1]。

在文小刚的宇宙中，基本单位是"量子比特"，即传统比特的量子版。传统的比特可以有两种状态（即 0 和 1），但量子比特可以同时处于两种状态的任何可能组合。在量子计算机中，量子比特由其他粒子组成。但在文小刚的理论中，量子比特是基本的，不由任何别的东西构成，就跟弦论中的弦也不由别的任何东西构成一样。根据文小刚的理论，标准模型和广义相对论都不是基本的，而是从量子比特中涌现的。

我想，他的思路是对抗弦论的极好手段，因此我和他通了一次电话。

---

1. Cheng Z, Wen X-G. 2012. *Emergence of helicity +/- 2 modes (gravitons) from qubit models*. Nuclear Physics B. 863. arXiv: 0907.1203 [gr-qc].

我问道："涉及量子引力和统一时，现有的那些方法 —— 弦论、圈量子引力、超对称 —— 你不喜欢的是它们的什么呢？"

"我对量子理论有这么一种非常精确的看法。"文小刚开始阐述他的想法。为了描述量子比特及相互作用的方式，他用了个大型矩阵 —— 更正式的表格 —— 其中的每个条目都对应一个量子比特。这个矩阵随绝对时间而变，因此打破了爱因斯坦引入的空间和时间的联合。

我一点儿都不喜欢这个思路。但我提醒自己，这就是跟他谈的意义。

"您的矩阵是有限的？"我问，不太愿意相信，整个宇宙都可以写进一张表格。

"对。"他说，"如果我们把空间看成晶格结构，其中的每个格子里都有一个或几个量子比特。我们说晶格的间距可能是普朗克尺度的。但这些格子的几何不是连续的，宇宙只是离散的量子比特。量子比特的量子动力学是用矩阵来描述的，而这个矩阵是有限的。"

好神奇，这简直比我本来以为的更丑陋。我问："您就假设了这么个矩阵是吗？"

"对。"他说，"而且我相信，标准模型的所有主要特性，都

能从这个矩阵得到。我们的模型还不完整，但所有必要成分都
191 可以由晶格上的量子比特得出。"

"狭义相对论呢？"

"正是。这是我们确实应该担心的问题。"

确实是，我想。而他在解释着狭义相对论"与量子比特方法
是一致的，但并非自然一致"。

我接着问道："'并非自然'是什么意思？"

他告诉我，为了与狭义相对论一致，他不得不对模型中的
一些参数进行微调。他说："为什么必须如此？我也不知道。但
如果你坚持，我可以这么做。"

只要经过微调，文小刚的量子比特模型就能近似再现狭义
相对论，至少他是这么告诉我的。

"但是，规范对称是在低能量涌现的吗？"我问，因为我想
确认一下。

"是的。"他确认道。他解释说，由于"自然界的基本定律可
能没有任何对称性，在量子比特模型中，我们也不需要任何对
称性来得到低能量下的规范对称"。

此外，文小刚说，他们还发现了一些迹象，表明这个模型可能也包含了近似的广义相对论，不过他强调，他们尚未得出明确结论。

我有些怀疑，但我对自己说，心态得更开放点。我要找的不就是这样的远离熙来攘往的大路的东西吗？相信万物都由量子比特组成，跟相信万物都由弦或者圈或者什么248维的巨大的李代数组成比起来，真的就更不可理喻吗？

对那些最近一次接触物理学还是高中毕业会考前的人来说，有人因为这样的思路就能拿到钱，显得多么荒谬。但我也接着想到，还有人靠着把球扔进篮筐就能拿到钱呢。

我问："你们的工作人们接受得怎么样？"

"不大好。"文小刚告诉我，"高能（物理学）领域的人不大关心我们在干什么。他们会问：'为什么？'因为他们觉得，标准模型加上摄动理论就已经够好了，不需要更进一步。"

192

突然之间，我明白了文小刚的出发点。这根本不是统一的问题。他想廓清标准模型中那些不干不净的数学。

要是我给你的印象是我们理解我们正在研究的理论，那很抱歉，我们其实并不理解。我们没法真正解出标准模型的方程，因此我们通过所谓的"摄动理论"来近似求解。

为此，我们首先会去研究完全没有相互作用的粒子，以了解它们在完全不受干扰时会如何运动。接下来我们让这些粒子彼此碰撞，但撞得很轻，因此不会被撞得偏离原来的路径太远。然后我们连续修正，考虑越来越多的轻微碰撞，直到达到所需要的计算精度。这就好像先画出一个轮廓，再往上面添加更多细节。

然而，这个办法只有当粒子之间的相互作用不太强的时候 —— 撞得不那么剧烈的时候 —— 才能奏效，否则修正不会变得越来越小（或者彼此不再算是修正）。举例来说，这也是为什么很难计算夸克是如何结合成原子核的，因为在低能级，强相互作用真的很强，修正不会变小。好在强相互作用在能量更高时会变小，因此对大型强子对撞机的计算要相对简单一些。

尽管这个办法对有些情况管用，但我们知道，数学最终还是会失败，因为修正不会永远小下去。对实用主义的物理学家来说，能产生正确预测的方法就够好了，无论数学家是否能对这个方法为何能奏效的原因达成一致。但正如文小刚指出的那样，我们根本不理解这个理论。这种情形可能是数学缺失，也可能暗示着有更深层的问题[1]。

文小刚认为，这个问题没有得到应有的关注，而缺乏关注

---

1. 更一般地，这并不是标准模型或量子场论中唯一的数学问题。另一个这样的问题是哈格定理（Haag's theorem），声称所有的量子场论都微不足道，物理上也不重要。这个说法有点儿乱人心神，因此遭到物理学家的忽视。

就意味着不会有帮助解决问题的实验。他说：" 我们需要新实验,[193] 来促使人们面对这个问题。" 并建议我们研究早期宇宙中物质的 表现，这些情形不能用通常的近似来处理。

我想，他是对的，我很抱歉之前误判了他的想法。我完全忘 记了这些众所周知的问题。似乎也从来没有人提起过这些。

" 我想给那些量子引力和高能粒子物理学领域的人写篇文章， 但就算我本来就是从高能粒子领域出来的，我还是觉得沟通起 来非常困难。" 文小刚说，" 基本观点和起点都非常不同。从我 们的角度来看，起点只是大量低能量子比特。但这会带来规范 对称（费米子），等等。而美丽是涌现出来的。这个看法不受欢 迎，不是主流。"

本章提要

- 一致性问题是得到新自然定律的有力指引。这样的问题不属于美学。
- 但就算是一致性问题，也不能没有实验指引而纯粹用数学解出来，因为问题本身的 阐述就要依赖于我们接受为真的假设。
- 理论学家把棘手的问题掩盖起来，转而关注那些更有可能在短时间内得到可发表成 果的问题，这是他们的罪过。
- 目前缺乏进展的原因或许是，我们关注的问题是错的。 194

第 9 章
宇宙，所有的一切以及其他

> 我赏玩了意在解释为什么没有人看到我们编造出
> 来的那些粒子的诸多方式。

定律就像香肠

如果你觉得，最近重大突破性质的创新越来越多，那么你
是对的。在 2015 年的一项研究中，来自荷兰的研究人员统计了
科学论文中使用的形容词，发现从 1974 年到 2014 年，"史无前
例""重大突破"和"新颖"这几个词语的使用频率增加了 25 倍
以上。第二梯队是"革新""惊人"和"前景看好"，增长了 10 倍
以上[1]。我们在不遗余力地推销我们的想法。

科学有时候被称为"思想市场"，但与市场经济最重要的不
同之处在于我们迎合的顾客。在科学市场上，专家只考虑其他
专家，我们彼此对对方的产出评头论足，最终评定则以我们是
否成功解释了观测结果为基础。但是，在没有观测检验的情况

---

1. Vinkers CH, Tijdink JK, Otte WM. 2015. *Use of positive and negative words in scientific PubMed abstracts between 1974 and 2014: retrospective analysis.* BMJ 351:h6467.

下，一个理论所必须具备的最重要特性是得到我们同行的认可。

对我们理论学家来说，同行认可更多的是决定我们的理论是否会得到检验。除开少数几个幸运儿会天上掉奖金之外，一个想法在现代学术界的命运，由从我们同行中选出的匿名评审者决定[1]。没有他们的认可，就很难搞到研究经费。一个不怎么受欢迎的理论，其发展所需要的时间投入如果超过没有资金支持的研究人员所能承担的水平，就很可能性命堪忧。

消费品市场和思想市场的另一个区别是，商品的价格由市场决定，而科学解释的价值最终由在描述观测结果时有多有用来决定 —— 只是当研究人员必须决定把时间花在哪个想法上时，往往并不知道价值几何。因此，科学并不是能创造自身价值的市场，而是一个发现外在价值的预测平台。科学界及科学机构的职能，是选出最有前景的想法并给予支持。但这也意味着，科学界的市场营销会妨碍系统正常运转，因为营销会扭曲相关信息。如果全都是重大突破，都是创新，那就全都不是。

在缺乏实验支持的情况下，评估哪些想法更值得投入的需求会首先出现在基础物理领域，是因为在这个研究领域，新出现的假说最难检验。但是，这个问题迟早也会在其他学科出现。随着实验数据越来越难以获得，理论发展与实验检验之间的鸿沟也越来越大。由于理论很廉价也很充足，而实验又昂贵又稀

1. 在美国，学术界的收入不均现在已经比工业界或政府部门更严重。参见 Lok C. 2016. *Science's 1%: how income inequality is getting worse in research*. Nature 537: 471–473.

有,我们无论如何总得选择哪些理论值得检验。

但这并不是说,我们对自然的描述注定就只能是社会性的建构,与现实无关。科学是社会性的事业,这一点毋庸置疑。但只要我们还在通过实验进行验证,我们的假说就还是跟观测结果有紧密关联。你可以坚持认为,实验也是由人来操作和评价的,这也是对的 —— 科学家也是人,需要跟人合作;从这个意义上讲,科学确实是"社会建构"。但如果某个理论管用,那就是管用,称之为社会建构就成了毫无意义的抱怨。

但这确实意味着,如果没有新数据,我们可能会困在未经检验的假说和过时的想法上。我们对基础物理学来说,就好比煤矿里的金丝雀,可以用来预警矿井里的有害气体。我们最好不要无精打采地坐在地上,因为社会构建者正在密切观察,准备尸检。

金丝雀的情况不怎么好。你可能会以为,科学家的职业任务是保持客观,因此会保护他们创新的自由,反抗取悦同行来确保资金源源不断的需求。但他们没有这样做。

科学家委身于科学的原因多种多样。原因之一是,不能忍受这种情况的人离开了,留下来的是不怎么抱怨的人 —— 当然也有可能,他们只不过设法说服了自己,相信万事大吉[1]。另一

---

1. 重要的是,这意味着就算没有哪个科学家改变自身的行为表现,糟糕的科学实践还是能大行其道,成为主导。可参见 Smaldino PE, McElreath R. 2016. *The Natural Selection of Bad Science.* Royal Society Open Science 3:160384. arXiv:1605.09511 [physics.soc-ph].

个原因是，去思考研究工作怎样才能做到最好需要占用搞研究的时间，也是个竞争劣势。有些朋友好心好意地劝我，希望我不要写这本书。

但主要原因还是科学家信任科学。"系统就是这样。"他们说，耸一耸肩。然后他们告诉自己以及所有愿意听的人，这没关系，因为他们相信科学无论如何，不知何故，总是能起到作用的。"看，"他们说，"总是能起到作用。"然后他们就会用机缘巧合来传扬创新的福音。无论我们做什么，这福音总会远播；反正你也没法预见重大突破。我们都是聪明人，所以就让我们做好自己的事情，对即将到来、无法预见的意外收获感到惊讶万分。岂不闻蒂姆·伯纳斯－李（Tim Berners-Lee）当初发明万维网，只是为了帮助粒子物理学家共享数据？

"什么都行"是个好主意，但如果你相信聪明人仅靠自由追随自己的兴趣就可以做到最好，那你就应该确保他们能自由追随自己的兴趣。什么都不做可不妥。

我在自己的研究领域遇到过这个问题，本书讲述的也是这个故事。但这不只是基础物理学的问题。今天，几乎所有科学家都有未曾披露的、资金和诚实之间的利益冲突。就连终身职位的研究人员，如今也要不断发表引用率高的论文、赢得经费，而这两方面都需要有持续的同行认可。同行认可越多越好。与此相反，公开某人研究项目中的不足之处，就等于破坏这个人未来获取经费的机会。我们被组织起来，生产更多雷同的东西。

如果你能设法说服自己，这样的科学依然很好，那你在这个游戏中会更加如鱼得水。显然我一直没能做到。美国诗人约翰·戈弗雷·萨克斯（John Godfrey Saxe）打趣道："法律就像香肠，我们知道是怎么造出来的之后，就不再能给予得体的尊重了。"他心里想的是民法，但今天，同样的说法可以用在自然定律身上。

发掘黑暗

1930 年，沃夫冈·泡利为了解释核衰变中无法解释的能量损失，假定存在一种新粒子——中微子。他称之为"死马当活马医"，并向同事、天文学家沃尔特·巴德（Walter Baade）吐露心声："今天我做了件非常可怕的事情，理论物理学家绝对不该做的事情。我提出了一种永远不可能被实验证实的东西。"[1] 25 年后，人们探测到了中微子。

从泡利的时代开始，假定新粒子成了理论家最爱的消遣。我们有前子、超费米子（sfermion）、双荷子（dyon）、磁单极子、强相互作用大质量粒子（simp）、弱相互作用大质量粒子（wimp）、弱相互作用特大质量暗物质粒子（wimpzilla）、轴子、味对称轴子（flaxion）、普朗克质量暗物质粒子（erebon）、丰饶子（cornucipon）、巨磁子（giant magnon）、最质子（maximon）、

---

1. Hoyle F. 1967. *Concluding remarks.* Proc Royal Soc A. 301:171. 霍伊尔还提到，巴德借此机会跟泡利打了个赌，说中微子会被发现。克莱德·考恩（Clyde Cowan）和弗雷德里克·莱茵斯（Frederick Reines）报告成功探测到中微子时，巴德终于赢得赌注，香槟庆祝。

宏子（macro）、弱相互作用大质量暗物质粒子（branon）、史科子（skyrmion）、标量场暗能量粒子（cuscuton）、普朗克子（planckon）以及惰性中微子——以上只是最流行的几种。我们甚至还有"非粒子"。所有这些粒子全都没人见过，但它们的性质在成千上万篇已发表的研究论文中，已经被研究得很透彻了。

发明新粒子的第一条规则是，你得有充分理由说明，为什么这种粒子还没被检测到。为此你可以假设，要么是产生这种粒子需要的能量太高，要么是对现有探测器的灵敏度来说其相互作用太微弱，或两者兼而有之。

把新粒子雪藏在高能级，这种手法在高能物理领域尤其盛行。可能需要非常多的能量才能产生一个粒子，要么因为粒子本身质量很大，要么因为粒子被强力锁死，必须把键破坏掉才 198 能看到。还有一种选择是通过假定相互作用很微弱来解释没能探测到，这种方法在天体物理学中更受欢迎，因为这样的粒子是暗物质的优秀备选。这些粒子，可以统称为理论的"隐藏区域"。

宇宙对我们隐藏了一些什么。1930年，天文学家弗里茨·兹维基（Fritz Zwicky）将2.54米口径的胡克望远镜转向后发星系团时，我们就知道了这一点。后发星系团由数百个由自身引力束缚在一起的星系组成，星系运动的平均速度由这些星系合起来的总质量决定。兹维基意外发现，星系运动的速度比总质量所能解释的要快得多。他提出，星系团中有额外的、无法看见的物质，并称之为"dunkle materie"，即暗物质。

天空中会让人觉得奇怪的地方可不止这一处。40年后，薇拉·鲁宾（Vera Rubin）在研究螺旋星系自转时，注意到星系外围的恒星环绕星系中心的运动比预计的要快。在她观测的60多个星系中，无不如此。在稳定轨道上，恒星需要保持的速度取决于其运动中心的总质量，因此，星系外臂旋转得那么快，就说明星系必定包含比我们能见到的更多的物质。必须有暗物质。

随着越来越多的实验展开，也有了越来越多的证据表明，宇宙中到处都有类似的情形。宇宙微波背景上的波动，也要把暗物质考虑进去之后才能跟数据吻合。要让宇宙中星系结构的形成与我们的观测结果对得上，也必须有暗物质。没有暗物质，宇宙就不会是我们看到的样子。进一步的证据来自引力透镜，这是由时空弯曲引起的光的畸变。星系团引起的光的畸变程度，比其可见质量能解释的要大。一定还有别的什么东西，才能让时空弯曲得那么厉害。

对这种物质最初的猜测是，星系中包含很多未曾预见也难以看见的星体，比如黑洞或褐矮星。但这些在我们这个星系里应该也有，并带来频繁的引力透镜效应，但我们并没有在银河系见过。还有一种想法是，暗物质由超级致密的物体组成，这些物体的质量远小于典型的恒星；这种想法并没有因为这些物体不会令光线足够弯曲产生引力透镜效应就被完全排除。只不过，这样的物体一开始是怎么形成的，还说不清楚。因此，目前物理学家都希望能有另一种不同的暗物质。

最引人注目的解释是，暗物质由粒子组成，这些粒子聚集在星云中，以近于球形的晕状在星系物质的可见圆盘周围活动。然而，已知粒子的相互作用基本上都太强了，也聚集得太厉害，没法形成这样的晕。唯一的例外是中微子，但中微子太轻，移动太快，聚集的程度也不够。因此，无论暗物质是由什么粒子组成的，一定是种新粒子。

发明新粒子的第二条规则是，你需要一个理由来说明，为什么这种粒子很快就会被发现，否则没有人会关心。这个理由不用多么充分 —— 反正这一行里边人人都会很乐意相信你 —— 但你得给听众一个可以复述的解释。惯常做法是寻找数值上的巧合，并用上"自然解释""提示性关联"之类的字眼，来声称对计划中的某个实验来说，这些巧合暗示了新的物理学。如果你的想法没能产生这样的巧合，不用担心 —— 试试下一个想法。就算从统计上讲，总有个时候你会发现吻合之处。

曾有个特别幸运的数值巧合推动了天体物理学领域的诸多研究，那就是"WIMP奇迹"。WIMP代表弱相互作用大质量粒子。目前，这种粒子是暗物质最热门的候选，特别是因为可以很容易被超对称理论容纳。通过粒子质量和相互作用的速度，我们可以估算宇宙早期创造了多少这种粒子，结果大致相当于暗物质的正确丰度，接近测得的23％这个值。这个关系就叫作WIMP奇迹。

按照天体物理学家凯瑟琳·弗里兹（Katherine Freese）的说法，WIMP奇迹是"弱相互作用大质量粒子被正经当成是暗物质候选的主要原因"[1]。该领域另一位知名研究员，加州大学欧文分校的冯孝仁（Jonathan Feng）认为，这种数值吻合"特别让人着迷"。还有更多人也一致同意，"很多年以来，这一直是该领域首要的理论动因"[2]。这同样也是实验的动因。

既然知道暗物质加在整个银河系上的总质量，我们可以估算一下，一定质量的暗物质粒子有多少正无意中穿过我们。数字非常大：对典型的100 GeV的弱相互作用大质量粒子质量，每秒约有1 000万个这样的粒子穿过你的手掌。但这些粒子的相互作用非常罕见：有个乐观估计是，一千克的探测器材料，每年能与一个弱相互作用大质量粒子相互作用[3]。

但罕见不等于永远见不到。在屏蔽了所有其他粒子相互作用之后，通过密切监测大量材料，我们或许能发现弱相互作用大质量粒子存在的证据。每隔一段时间，可能就会有一个暗物质粒子击中材料中的一个原子，留下一点点能量。目前，实验人员正在寻找这种能量的三种可能迹象：离子化（从原子中敲除电子，留下一个电荷）、闪烁（让原子发出闪光）和声子（热或者振动）。这么敏感的实验通常都在地底深处，大部分来自宇宙射线的粒子都会被周围的岩层过滤掉。

1. Freese K. 2014. *Cosmic cocktail: three parts dark matter*. Princeton, NJ: Princeton University Press.
2. Feng JL. 2008. *Collider physics and cosmology*. Class Quant Grav. 25:114003. arXiv:0801.1334 [gr-qc]; Buckley RB, Randall L. 2011. *Xogenesis*. J High Energy Phys.1109:009. arXiv:1009.0270 [hep-ph].
3. Baudis L. 2015. *Dark matter searches*. Ann Phys (Berlin) 528(1–2):74–83. arXiv:1509.00869 [astro-ph.CO].

寻找罕见暗物质相互作用的可能性，最早是由马克·古德曼（Mark Goodman）和爱德华·威滕在1985年提出的[1]。对暗物质粒子的搜寻，始于一次马后炮：实验人员使用的探测器，原本是开发用来捕捉中微子的。1986年，他们首次报告了"关于银河系冷暗物质和太阳发出的光玻色子的有趣限制"[2]。用大白话来讲，"有趣限制"的意思就是，他们什么都没发现。当时很多别的中微子实验也都受到了有趣限制。

20世纪90年代初，暗物质有了第一个专属实验，COSME探测器。由于超对称理论引发的关注，大量其他探测器也迅速部署起来：NaI 32、BPRS、DEMOS、IGEX、DAMA和CRESST-I[3]。这些探测器带来了更多有趣限制。90年代中期，EDELWEISS探测器"以零事件的观测结果为基础"得到了"最严格的限制"[4]。

然而，这些可能只是意味着，我们寻找的粒子相互作用比

1. Goodman MW, Witten E. 1985. *Detectability of certain dark-matter candidates.* Phys Rev D. 31(12): 3059–3063.

2. Gelmini G. 1987. *Bounds on galactic cold dark matter particle candidates and solar axions from a Ge-spectrometer.* In: Hinchliffe I, editor. *Proceedings of the theoretical workshop on cosmology and particle physics: July 28–Aug. 15, 1986, Lawrence Berkeley Laboratory, Berkeley, California.* Singapore: World Scientific.

3. DAMA合作组已经探测到统计意义上的重大事件，起源不明，频率会在一年当中周期性变化（Bernabei R. 2008. *First results from DAMA/LIBRA and the combined results with DAMA/NaI.* Eur Phys J. C 56: 333–355. arXiv: 0804.2741 [astro-ph]）。该合作组发现这个信号已经十多年了。我们会期待暗物质身上看到这样的年度变化，因为探测到暗物质信号的概率取决于暗物质粒子落进探测器的方向。由于地球在环绕太阳的公转中穿过可能存在的暗物质云，所以暗物质流进入探测器的方向会在一年当中有所变化。可惜的是，其他实验排除了DAMA信号由暗物质引起的可能性，因为如果是这样，其他探测器也理应能观测到同样现象，但并非如此。目前没有人知道DAMA探测到的是什么。

4. Benoit A et al. 2001. *First results of the EDELWEISS WIMP search using a 320 g heat-and-ionization Ge detector.* Phys Lett B. 513: 15–22. arXiv: astro-ph/0106094.

预计的更微弱，因此，更多实验设备陆续投入使用：ELEGANTS、CDMS、Rosebud、HDMS、GEDEOn、GENIUS、GERDA、ANAIS、CUORE、XELPLin、XENON 10和XMASS。CRESST-Ⅰ升级为Ⅱ期，CDMS升级为超级SDMS，ZEPLIN Ⅰ升级为Ⅱ期，之后又升级为Ⅲ期。这些实验设备全都产生了有趣限制。也有灵敏度更高的新探测器上线：CoGeNT、ORPHEUS、SIMPLE、PICASSO、MAJORANA、CDEX、PandaX和DRIFT。2013年，XENON 100——其间正在探测的相互作用概率只是刚开始考虑的十万分之一——报告，"没有暗物质信号的证据"[1]。XENON 100最近升级为XENON 1T。更多实验还在建设中。

30年过去了，仍然没有探测到暗物质。与此同时，我们也排除了WIMP奇迹成立的参数范围[2]。

怀抱希望，静候佳音

科学需要耐心，我提醒自己，然后跑到网上去找年轻人的乐观主义和活力。推特给了我凯瑟琳·麦克（Katherine Mack），大家更喜欢叫她"天文凯蒂"。

---

1. Xenon 100 Collaboration. 2013. *Limits on spin-dependent WIMP-nucleon cross sections from 225 live days of XENON100 data.* Phys Rev Lett. 111: 021301. arXiv: 1301.6620 [astro-ph.CO].
2. 对于WIMP奇迹的参数空间已经被排除的看法，该领域有些人并不同意，而且认为参数空间仍有部分是允许的。会出现这种异议，是因为并非只有一种WIMP模型，而是有很多种，且各不相同。原始的WIMP有以W玻色子为媒介的相互作用，并按照一种特殊的对称群来分类。这种版本目前已经被排除，但其他的相互作用方式或其他类型的粒子仍然与目前的数据相符。

天文凯蒂最近有一条机智回复被J.K.罗琳（J.K.Rowling）转推，于是在推特上名声大噪。我刷了刷她的页面，看到一张跟猫的自拍，一张跟英国物理学家布赖恩·考克斯（Brian Cox）的合影，一段她在电视上接受访谈的录像，还有很多很多对天体物理学问题的回复。如果你需要跟火星上的水，或最近的暗物质搜寻有关的知情意见，天文凯蒂就是你要找的人。如果你想知道跟引力波，或者上周发现的系外行星有关的事实，来问她就对了。如果你想找个人谈谈科学界的性别歧视和性骚扰，天文凯蒂在等着你：她利用自己在推特上的影响力，唤起人们关注少数民族群体和女性在科学界代表名额不足的问题，而很多科学家对这个问题宁可视而不见。

我想，**这是一位现代科学家**。于是我给她发了条消息。

凯蒂的公众形象背后，是澳大利亚墨尔本大学专业的天体物理学家、博士后研究员。我们打网络电话时，她穿了件带美国国家航空航天局标志的夹克，看起来再酷不过了。我问起她的研究领域，她总结道："我研究了很多很可能不是暗物质的东西。"

我问："让一个模型有吸引力的地方是什么？"

凯蒂说："就我干的这些活儿来说，让模型有意思的是，是否有我们能发现的后续结果。我对待理论的方式非常务实。我对真正刺激的新理论都会感兴趣，但还有个前提是得有能被检验的结果。

"我读博的时候研究的是轴子。在暗物质模型中，轴子始终是我的最爱，因为在那么多事情中，轴子都起到了那么重要的作用。轴子来自强相互作用，跟宇宙学吻合，也能跟弦论吻合。从理论的角度来看，我认为轴子是最有吸引力的暗物质候选，因为你不需要无中生有造出轴子来，它们来自别的地方，这似乎是最好的一点。"

最受欢迎的暗物质候选中，排在弱相互作用大质量粒子后面的，是轴子。人们一开始提出轴子是为了解决强相互作用下的一个微调问题（强CP问题），但几乎刚刚提出来就被排除了。随后该理论经过修正，使得轴子的相互作用非常微弱。这种新粒子有时候会被直接叫作"看不见的轴子"，很难探测到，但同样成了暗物质的合格候选。

看不见的轴子如果存在，就应该产生于宇宙早期。轴子可以在能量非常低的状态下产生，随后形成稳定的凝聚物，弥漫在宇宙中。这可能就是我们观测到的暗物质。但轴子身上不会发生任何奇迹，如果你想让轴子的密度跟暗物质的密度吻合，就必须对轴子在宇宙早期的出现方式进行微调[1]。这让轴子没有弱相互作用大质量粒子那么吸引人。不过，粒子物理学家仍然很

---

1. 如果轴子产生于暴胀之前的话就是这种情形。如果轴子产生于暴胀之后，轴子凝结物的密度就可能刚好够组成暗物质。不过，凝结物是由各自分离的区域东拼西凑而成，这些区域由叫作"畴壁"的边界分隔开，而畴壁的能量密度太高，与观测结果不符。

喜欢轴子，因为轴子美化了强相互作用。

前面提到的很多弱相互作用大质量粒子的实验对轴子也同样敏感，也都带来了有趣限制。但是跟弱相互作用大质量粒子不同，轴子会跟电磁场耦合，尽管耦合强度非常小，还是可以通过设置强磁场来探测，让进入磁场的轴子有小部分变成光子。轴子暗物质实验（ADMX）从1996年开始就在用这种方法寻找暗物质轴子了。欧洲核子研究中心的轴子太阳望远镜（CAST），从2003年开始采集数据，寻找太阳在远远高于暗物质轴子的能量上产生的轴子。还有些别的实验，像是ALPS的Ⅰ期和Ⅱ期、PVLAS以及OSQUAR，都在通过仔细研究光在磁场中的行为，努力观测相反的过程——光子转化为轴子。截至目前，所有这些实验都还没有任何发现。

凯蒂说："很不幸，在我的博士研究中，我找不到好办法来让轴子模型有效，除非在这里那里做些微调。这就没那么好玩了。因为轴子解决的强CP问题就是个微调问题。如果带来一个新的微调问题，那就只不过是把问题推进了新领域而已。"

我问凯蒂："微调有什么问题？"

"一般来讲，微调告诉我们，我们的理论中有什么地方不大自然。如果有个非常非常小的数字，你就必须假定你真的非常非常走运。这永远都不可能吸引人。看起来就好像是对此理应有一番别的解释。其他情形如果有微调，就总也会有些解释，而且到最后，结果证明不是微调。"

"你说你非常走运，但如果没有概率分布，你怎么能做出关于概率的陈述呢？"我问。

"哦，做不到的。这只不过是理论学家中间的美感罢了。"凯蒂说，"如果有个很小的数，他们不会喜欢。有个接近1的数，吸引力就会大得多。我不知道有没有什么全局性的理由，说事情必须如此，所有常数都必须在1这个量级。只不过我们对付理论就是这么个方法罢了。这并不是真正的奥卡姆剃刀，因为没有让任何事情变简单，虽说感觉起来好像是这样。"

"有些人在这样做，但这是我们应该做的吗？"

凯蒂说："如果你把新粒子存在的全部理由，都建立在解决微调问题的基础上，那你就真的必须解决这个问题。但我不是构建模型的人，因此不需要那么投入。所以，我有点儿像是不可知论者。但我确实认为，自然性就是更有魅力。而且，以之前完成的理论物理为基础，看起来以简洁作为指引，确实是个很好的开端原则。因此我很赞同自然性。但是我不能对此大肆宣扬，也没必要这么做。挺好的。"

"多重宇宙算是个选项吗？"我问。

"我讨厌多重宇宙。"凯蒂说，"我知道说讨厌多重宇宙是很陈腐的想法，但我确实很讨厌。我猜这里面有某种程度的优雅，因为你只是不再努力去理解参数。但我不喜欢的是，多重宇宙很难检验，而且很丑陋。多重宇宙又脏又乱，我们只不过刚好身在此处，你还必须引用人存原理……我真的很不喜欢。我没有充分理由反对这种理论，但我真的不喜欢。"

"最近大型强子对撞机的数据似乎需要对希格斯玻色子质量做微调，你怎么看？"

"这方面的工作我参与得不多，所以我不知道挑战是什么，也不知道限制是什么。我只是怀抱希望，静候佳音。但如果结果 205 只是成千上万的本轮彼此叠加在一起好让一切正常运转，我真的会非常惊讶。有迹象表明我们需要新的物理学，而超对称看起来不大像会成功。但我是个乐观主义者。我想，我们会找到取代超对称的理论，没有调整得那么厉害的理论。"

她说："希格斯玻色子的质量，我不知道会发生什么，从这个意义上讲，这个质量很让我担心。我听到有人说，这是个噩梦场景。但我不认为我们会走进死胡同。我想，我还是相信粒子物理学家好了，相信他们会提出新想法、新模型。我不觉得这让人郁闷；我觉得很刺激 —— 现在我们有这么大一个奥秘。"

"说不定没有比标准模型更美的，以后还会变得更加丑陋。"凯蒂说，"但我的直觉是，我们会找到一种方法，把更加混乱的局面简化为更统一的样子。这就是我一直觉得物理学很吸引人的地方：揭示美丽的画面，化混乱为一体。"

"暗物质探测实验到现在一无所获，你会觉得担心吗？"我问。

凯蒂答道："我不太担心他们还没确认这种粒子。我觉得，暗物质是有某种性质的粒子的证据，已经越来越明朗了。我们现在受到的限制更多，也越来越难找到，很烦人。但一切证据都跟这是一种粒子相吻合。到底会是什么呢？这越来越让人着迷了。如果有个不同的模型也跟数据相符，说暗物质有可能不是一种粒子，那我就会开始担心了。"

我说："肯定有人声称，修改过的引力理论可以得出同样结论。"

"没那么有说服力。我还从没见过有证据表明，（粒子暗物质）不合适，也从没见过有任何证据说，修改过的引力理论更好一些。我觉得，粒子比增加一些场更简单。如果修改过的引力更符合数据，我会很感兴趣。"

为了解释现有的宇宙学数据，我们必须假设宇宙中包含两种新的、迄今仍无法解释的成分。其一是暗能量。另外一种成分通常归因于粒子暗物质，可以一起描述为流体。不过，像这样的额外流体引起的效应，也可以是因引力对普通物质的反应并不像我们的方程所预测的那样而引起的。

但在标准模型中，修改引力比增加粒子要难很多。修改后的引力会哪儿哪儿都是，但粒子可以在这儿是这个量级，在那儿又是另一个量级。因此，粒子暗物质要灵活得多。

但也有可能过于灵活了。天体物理学家已经发现，星系中间有粒子暗物质无法解释的规律，比如"塔利-费希尔关系"——观测到的星系亮度与其最外层恒星运动速度之间的关系。粒子暗物质也还有其他问题。例如，粒子暗物质预测，银河系的卫星星系应该比观测到的更多，而且对为什么我们观测到的卫星星系基本上都处于一个平面内，没有提供解释。此外，用粒子暗物质去算，银河系中心的结果也不对；那里的物质密度应当比我们观测到的更高。

这些不足之处可能要归因于尚未正确纳入协调模型的天体物理学过程。那样会很有意思，但不会改变物理学基础。也有可能，这些不足之处是在告诉我们，粒子暗物质并非正确解释。

修改引力理论的最早尝试叫作"修正牛顿力学"，并没有考虑广义相对论的对称性，这是极大的减分项[1]。修正引力的更新版本考虑了广义相对论的对称性，对观测到的星际规律的解释也仍然比粒子暗物质更好[2]，但在远远低于或远远高于星系尺寸 207

1. Milgrom M. 1983. *A modification of the Newtonian dynamics—implications for galaxies.* Astrophys J. 270:371.
2. 可参见 Moffat JW, Rahvar S. 2013. *The MOG weak field approximation and observational test of galaxy rotation curves.* Mon Notices Royal Astron Soc. 436:1439. arXiv:1306.6383 [astroph.GA].亦可参见这些作者的其他论文。

的距离上表现欠佳。

解决方案可能介于两者之间。最近有一组研究人员提出，暗物质是一种超流体，在短距离上类似于修改过的引力，而在长距离上会出现粒子暗物质的灵活性[1]。这种思路兼采两家之长，而尽弃两家之短。

尽管术语有所不同，修正引力的数学和粒子暗物质的数学基本上是一回事。正如凯蒂所说，对修正引力，我们是加了新的 —— 目前尚未观测到的 —— 场；对粒子暗物质，我们是加了新的 —— 目前尚未观测到的 —— 粒子。但粒子是由场描述的，因此其间差别微乎其微。让这两种方法有所区分的是场的类型，以及场与引力相互作用的方式。对粒子物理学家来说，修正引力的场有非典型的特性，这样的场很陌生，也不漂亮。因此，修正引力仍然只是圈子边缘的想法，身后只有数十位支持者，而研究弱相互作用大质量粒子和轴子的有数千人之多。

目前，修正引力无法符合宇宙学的所有数据，跟协调模型也不尽吻合。原因可能只是修正引力是错的；也有可能只是因为努力让修正引力对上榫的人太少了。

在我们结束交谈时，凯蒂问道："你怎么看？你觉得我们会

---

1. Berezhiani L, Khoury J. 2015. *Theory of dark matter superfluidity*. Phys Rev D. 92:103510. arXiv:1507.01019 [astro-ph.CO]. 在此之前，另一篇文献也提出了类似的想法，见 Bruneton J-P, Liberati S, Sindoni L, Famaey B. 2009. *Reconciling MOND and dark matter?* JCAP 3:21. arXiv:0811.3143 [astro-ph].

找到更美丽、更简洁的模型吗？"

除了她以外，在这之前跟我聊过的所有人都没有问过我的看法。我也很高兴他们没问过，因为我也没有答案。

但在我四处奔走的过程中，我越来越清楚，我并没有错过为什么我的同行对美趋之若鹜的理由。没有这样的理由。尽管我很愿意相信，自然定律是美丽的，我也并不认为我们的美感是很好的指引；相反，美感分散了我们对其他更紧迫问题的注意力。就像史蒂文·温伯格指出的那样：我们并不了解宏观世界是如何涌现的。或者像文小刚提醒我的，我们并不理解量子场论。再或者，就像多重宇宙和自然性的问题所表明的，我们并不知道自然定律的可能性是什么意思。

于是我告诉凯蒂，是的，我相信大自然还有更多美丽养在深闺。但美丽和幸福一样，不会因为我们抱怨拥有的太少就能找到。

微弱的场与第五种作用力

还有另一种假定新的物理学然后掩藏起来的方法，就是引入要么只有在距离非常遥远时才会起作用的场，要么只在极早期的宇宙中才有关系的场，这两种情形都极难验证。今天这样的杜撰都可以接受，因为都能解释数值巧合。

广义相对论中的宇宙学常数（CC）是个自由参数。这么说的意思是，这个常数无法从更深层次的原理中计算出来 —— 必须通过测量确定其取值。宇宙的加速膨胀表明宇宙学常数为正，跟这个常数有关的能量级相当于已知最重的中微子的质量。也就是说，对粒子物理学家来说，这个能量非常低（参见图 14 ）[1]。

如果宇宙学常数不等于零，那么时空中就算不包含任何粒子，也不再平坦。因此，宇宙学常数也经常解释为，真空中带有非零的能量密度和压力。

对于宇宙学常数该取何值，广义相对论没有告诉我们任何线索。但在量子场论中，我们可以计算真空能量密度 —— 结果是无穷大。但是，如果没有引力，这个结果也没什么大不了的：无论如何我们永远不会只去测量绝对能量，我们测量的是能量差。因此，在没有引力的标准模型中，我们可以利用合适的数学步骤来消去无穷大，得出有物理意义的结果。

但是，在有引力的情况下，无穷大在物理上的贡献就有关系了，因为此时它会让时空无限弯曲。这显然不合逻辑。好在进一步的检查表明，只有将标准模型外推到无限高的能量时，真空能量才会变得无穷大。而我们预计这一外推（最迟）会在普朗克能量失效，因此真空能量应该是普朗克能量的量级。这就好

---

1. 如果查看一下宇宙学常数，你会发现我们现在引用的数值 Λ 约为 $10^{-52}/m^2$。这不是粒子物理学家所说的宇宙学常数的量级。相反，他们用的是与宇宙学常数有关的能量密度，即 $c^4\Lambda/G$，其中 G 是牛顿的万有引力常数，c 为光速；再把这个数乘以 $\hbar^3$，取四次方根，结果约为 $10^4/m$。或者取其倒数，就是约为十分之一毫米的长度。就长度而言，普朗克长度与此相差约 30 个数量级（参见图 14）。就能量密度而言还要四次方，结果就是差了 120 个数量级。这个结果经常被引用，但多多少少有误导观众的嫌疑。

了 —— 至少是有限的。但这个数仍然太大，无法与观测结果一致。那么大的宇宙学常数会把我们撕成碎片，要不就是老早以前就让宇宙重新坍缩了。

然而，在广义相对论中我们可以直接选定自由常数，这样将其与量子场论（甭管这是个啥东西）的贡献加在一起时，结果与观测一致。因此，预期总和在普朗克能量附近，仍然是以自然性论据为基础的。如果可以这样计算，按照这个说法，我们不太可能找到两个几乎相等但不会完全相消的大数，好刚刚留下我们测到的那么小的一个值。

因此，用物理语言来说，宇宙学常数并不自然，需要微调。这个数太小，不漂亮。这个常数本身并没有什么过错 —— 只是物理学家不喜欢。

你可能会觉得，理论可能拥有的最简单的假设就是一个常数了。但是，相信宇宙学常数的值需要一个解释，只不过是理论学家想发明新的自然定律的借口罢了。温伯格用人存原理带了个头，而今圈子里则有些人在忙着为多重宇宙打造个概率分布出来。另一种用滥了的解释常数值问题的办法是令常数为动态值，会随着时间变化。如果设置得当，动态常数可能会倾向于一个很小的数值，这样理应能解释点什么。这种广义版的宇宙学常数也叫作暗能量。

如果暗能量不仅仅是宇宙学常数，那么宇宙的加速膨胀随

着时间会略有变化。没有证据能证明这一点。但是，有大量文献
210 都在推测暗能量场，像是变色龙场、延缓场、模量、宇宙子、幽
灵场和精质。相关实验也正在运转。

宇宙学家把玩的不只是上面这些看不见的场。还有暴胀场，
用来让早期宇宙迅速膨胀。

"暴胀"是紧跟在大爆炸之后宇宙的快速膨胀，对过去的这
个推断十分大胆，一直推到了物质密度远远高于我们的探测结
果的时候。

然而，要从暴胀出发做预测，先得具体说明暴胀场 —— 编
出来好让暴胀发生的场 —— 会做什么。这需要让暴胀场有势
能，而这个势能由几个参数决定。一旦选定势能，就可以用暴胀
场来计算早期宇宙密度波动的分布。结果取决于势能中的参数，
对于某些最简单的模型，计算结果与观测相当吻合[1]。同样的暴
胀模型也跟宇宙微波背景另外一些观测到的特征相当一致[2]。

因此，暴胀可以将观测到的参数和底层的数学模型关联起
来。但是，预测取决于暴胀场的势能。我们可以先选一个满足目
前数据的势能，然后根据需要修正，但这占用不了宇宙学家多
少时间。于是他们勤勤恳恳，生产了好多暴胀模型，还为每个模

---

1. Boyle LA, Steinhardt PJ, Turok N. 2006. *Inflationary predictions for scalar and tensor fluctuations reconsidered.* Phys Rev Lett. 96 : 111301. arXiv:astro-ph/ 0507455.
2. Gaussianity and TE correlations, to mention the most important ones.

型都预测了现在尚未进行的测量结果。

2014年的一项调查，统计到193种暴胀势能，这还只是只有一个场的[1]。但是，理论学家有能耐造出模型，预测未来任何可能的观测结果，正好表明他们什么都预测不了。正如哲学家所说，这些模型"证据严重不足"；没有足够的数据来做出清晰的推断[2]。你可以根据目前的测量建造一个模型，但不可能预测未来的测量结果。 211

这种情形促使约瑟夫·西尔克表示："月度风味所代表的任何现象，都总能找到暴胀模型来解释。"[3] 在最近为《科学美国人》撰写的一篇文章中，宇宙学家安娜·伊贾斯（Anna Ijjas）、亚伯拉罕·洛布（Avi Loeb）和保罗·斯坦哈特抱怨，由于模型数量实在太多，"就我们目前的理解来说，暴胀宇宙学无法用科学方法来评估。"[4]

说出来不怕吓到你，还有无数暴胀势能有待进一步研究。当然，你也可以用好几个场，或是别的场。创造空间大得很。

按目前的理论评估标准，这些都是高质量的研究。

1. Martin J, Ringeval C, Trotta R, Vennin V. 2014. *The best inflationary models after Planck.* JCAP 1403:039. arXiv:1312.3529 [astro-ph.CO].

2. Azhar F, Butterfield J. 2017. *Scientific realism and primordial cosmology.* In: Saatsi J, editor. The Routledge handbook of scientific realism. New York: Routledge. arXiv:1606.04071 [physics.hist-ph].

3. Silk J. 2007. *The dark side of the universe.* Astron Geophys. 48(2):2.30–2.38.

4. Ijjas A, Steinhardt PJ, Loeb A. 2017. *Pop goes the universe.* Scientific American, January 2017.

科学的基石

　　四月中旬，德国，科隆以北数十千米的伍珀塔尔。我本来以为会见地点是一家酒店或是研究所，但这个地址是郊区的一户人家。门前有个小花园，常春藤爬在门廊四周。我按了门铃，一个跟我年纪差不多的女人来开了门。

　　"什么事？"她问。
　　"嗨，"我说，"我是扎比内。"
　　她看起来一脸迷惑。
　　"我是来找乔治·埃利斯的。"我说。
　　她冲我眨了一下，两下眼。
　　"那是我父亲。但他这会儿在开普敦呢。"
　　她请我进去，打了个电话。
　　"我的天，"电话那头的乔治在一辆公交车上大喊，"她早到了两个星期！"

　　四月底，伍珀塔尔。同一条街道，同一栋房子，同样的常春藤。我按了门铃，希望自己花了四个小时在路上，不是又只能吓吓陌生人然后打道回府。

　　是乔治自己来开的门，这让我松了一口气。"你好呀！"他说，叫我进去，带我走进充满阳光的厨房。孩子们的画挂在墙上。

　　开普敦大学荣休教授乔治·埃利斯是宇宙学领域的领军人

物。20世纪70年代中期，他与史蒂芬·霍金合写了《时空的大尺度结构》，该书至今仍然是该领域的标准参考文献[1]。早在1975年，他就研究过宇宙学中什么能得到检验这一问题，那还是人人都开始关注多重宇宙这个问题之前很久[2]。但乔治的兴趣并没有局限在宇宙学。他也研究过复杂系统中的涌现——不只是在物理学中，还有化学和生物学——而且他不畏惧哲学。他喜欢静观全局。但最近看到的局面，他并不喜欢。

"您在担心什么？"我首先问道。

"现在有物理学家说，我们不需要检验他们的想法，因为这都是些非常好的想法。"乔治说。他往前靠了靠，隔着桌子盯着我。"他们是在说——明示或者暗示——他们想削弱理论必须经过检验的要求。"他顿了顿，往后靠了靠，仿佛是为了让我明白情况有多严重。"在我看来，这是倒退了一千年。"他继续说道，"你写过这个问题。你说的跟我想的非常像：这是在侵蚀科学的本质。我很不喜欢，原因有一部分跟你一样，另外的原因倒是跟你差别很大。

"我觉得，我们同样的原因是，科学正面临艰难时世，所有那些关于疫苗接种、气候变化、转基因作物、核能的讨论，都表明了人们对科学的怀疑。理论物理应当是科学的基石，是科学

1. Hawking SW, Ellis GFR. 1973. *The large scale structure of space-time*. Cambridge, UK: Cambridge University Press. (本书中译本《时空的大尺度结构》已由湖南科学技术出版社出版。——译者注)
2. Ellis GFR. 1975. *Cosmology and verifiability*. QJRAS 16:245–264.

最坚硬的底座，能展现出为何值得完全信任。如果我们开始放松对理论物理的要求，我相信，后果对其他领域也会非常严重。

　　"但我对此感兴趣还有一些非常不同的原因，我觉得你可能

213　不会那么赞同，那就是科学与人类生活相关的极限是什么？科学能做什么，不能做什么？关于人类的价值观，关于价值和目的，科学能说什么？我想，对科学和更广大的社会之间的关系来说，这些问题非常重要。"

　　我怎么可能不赞同这些原因呢？我让他继续说下去。

　　"人们拒绝科学的大部分原因是，像史蒂芬・霍金、劳伦斯・克劳斯，那样的科学家，说科学不需要上帝存在，如此等等。科学证明不了这一点，但这个说法让科学四面树敌，尤其是在美国。

　　"如果你是在美国中西部地区，你整个一生和你的生活圈子都是以教堂为中心建立的，结果一位科学家跑来说'抛弃这一切吧'，那他最好有个够扎实的理由来证明他的立场。但大卫・休谟（David Hume）早在 250 年前就已经说过，科学既不能证明上帝存在，也不能证明上帝不存在。他是个谨小慎微的哲学家。从那以后到现在，在这方面也没有任何改变。这些科学家是很马虎的哲学家。"

　　"但有可能你对这些不大感兴趣。"

科学家是马虎的哲学家，这个看法对我来说并不新鲜 —— 毕竟我自己就是这么一位。但我说："我没太搞明白，这些跟理论评估有什么关系。"

"有的科学家大言不惭，拓展了科学是什么 —— 科学能证明什么、证伪什么 —— 的边界。从这个意义上讲，这也是理论评估。"乔治解释道，"如果劳伦斯·克劳斯跑来说，科学否定了宗教的某些方面，那么这是个科学论断呢，还是个哲学陈述？如果是科学论断，那证据是什么？他们声称，这是科学论断。所以这就是我认为我们会有分歧的地方。"

"例如，美国粒子物理学家、哲学家维克托·斯滕格（Victor Stenger）前不久写了本书，说科学证明了上帝不存在。"乔治说，"有人叫我写篇书评，于是我写道：'我满怀希望打开本书，期待看到得出结论的实验仪器是什么，数据点是什么样子，结果是 3σ 的还是 5σ 的？'"他短促地笑了一声，接着说道："当然没有这样的实验。这是连基本的哲学都不懂的科学家，就像大卫·休谟和伊曼纽尔·康德（Immanuel Kant）的著作一样。"[214]

"这跟理论评估有关，"乔治解释道，"因为科学对哲学问题无权置喙，他们却声称有。科学会产生跟哲学问题有关的事实，但科学和哲学之间有着必须被考虑的界限。我花了很多时间思考这个问题。"

如果还有其他原因，我也会这么想。我想，关注科学和哲学之间的界限，可以帮助物理学家分清事实和信仰。而相信自然是美丽的，和相信上帝很仁慈，两者之间我看不出来有多大区别。

"回到物理学，"我说，"您担心的是物理学将走向何方？"

"对 …… 你一定看过那本讲多重宇宙的书，是 …… "他一边想着名字一边问道，"哥伦比亚大学的那个弦论学家？"

"布赖恩·格林？"

"对。他讲了九种多重宇宙。九种！而且他用的是 ' 滑坡谬误 ' 来论证。于是在这一边，你有马丁·里斯，说宇宙不会在我们的视界之外结束，因此在这个意义上讲这是个多重宇宙。我当然同意。往前一点点，你会有安德烈·林德的混沌暴胀，其中有无数个气泡宇宙。再往前还有弦论系列，其中每个气泡里的物理学都不一样。继续前进，还会得到泰格马克的数学多重宇宙。接下来在更加遥远的地方，还有像牛津大学的尼克·波斯托姆（Nick Bostrom）那样的人，说我们生活在计算机模拟中。这都不是伪科学了，根本就是科幻。"

我说："基本上这就是宇宙钟表匠的现代版。以前说的是齿轮和螺栓，现在则是量子计算机。"

"对。"乔治说，"但是你能看到，布赖恩·格林在他的书里，是把这些当成可能性列出来的。人们把这样的东西当成科学上有可能的事情写下来的时候，我想知道，对他们的想法，你能有多大信心？太荒谬了！那对他们所说的，还有什么是你不能相信的呢？" 215

我想，我们之间没有乔治所认为的那么大的分歧。

乔治接着说道："这对我来说很重要，因为科学当中涉及很多信任。比如大型强子对撞机，我相信那些做实验的人。还有普朗克合作组，我也很信任他们[1]。在科学当中，信任很重要。要是有人准备说，我们真的可能生活在模拟中，我没法相信他们是科学家，甚至也没法相信他们是哲学家。"

在实验中，大型强子对撞机每秒约有10亿次质子对撞。即使对欧洲核子研究中心的计算机容量来说，这个数据量也太大了，没法存下来。因此，这些对撞都会实时筛选，除了算法标记为有意义的数据，全都删掉。在10亿次碰撞中，"触发机制"只会保留100～200个选定数据[2]。我们相信实验人员会做出正确选择，我们也必须信任他们，因为不是所有科学家都能仔细检查其他所有人工作中的每一个细节。否则我们永远都做不了任何事情。没有相互信任，科学就无法运转。

要是欧洲核子研究中心在过去十年删除的数据，都是掌握

---

1. 普朗克是由欧洲航天局于2009年到2013年运行的卫星任务，意在绘制宇宙微波背景上的温度波动。普朗克任务的部分数据仍在由合作组分析。
2. Stepnes S. 2007. *Detector challenges at the LHC*. Nature 448：290 – 296.

新的基础物理学的关键，那才是我想说的噩梦场景。

"我不反对多重宇宙。"乔治说，"我反对的只是，说这个理论已经得到广泛认可。要是有人这么说，就是想放松检验的要求。"

"他们一直遵循着一条能提出多重宇宙的很好的推理路径，但是从已经广为接受的物理学到提出多重宇宙，中间有太多步了。每一步看起来都是好主意，但全都是从已知的物理学出发、未经检验的推断。以前都是你做出假定然后查验这一步，然后再进一步假定，再查验那一步，如此这般。没有了事实查验，我们可能会走上错误的道路。"

"但那是因为用实验来核查太难了。"我说，"我们怎样才能继续前进呢？"

"我觉得，我们必须回到过去，从一些基本原则开始。"乔治说，"有个事情是，我们需要重新考虑量子力学的基础，因为所有这些问题都来自量子力学的测量问题。测量真正发生在什么时候？就是光子被发射或吸收的时候。你又如何描述呢？用的是量子场论。但你随便拿一本讲量子场论的书来看，你都找不到任何讲测量问题的内容。"

我点了点头："他们只计算概率，但从来不讨论概率是怎么变成测量结果的。"

"对。所以我们需要回到过去，重新考虑测量问题。"

乔治建议的另一个原则是，不要用到无穷大。

"如果涉及无穷大，就会带来各种各样的悖论。"乔治说，"实际上，20世纪70年代我就已经写过这个问题了[1]。在那篇文章里我提出的观点是，DNA是有限编码，所以如果生命的概率不等于零，空间够大的话最终一定会用尽基因编码所有可能的组合，并最终得到无穷多的基因相同的双胞胎。你看，如果宇宙是无限的，只要概率不为零，任何可能发生的事情最终都会发生无数遍。"

"无穷大的问题是我的试金石。"乔治接着说，"大卫·希尔伯特（David Hilbert）1925年就已经写到无穷大的非物理本质[2]。他说，要让数学完整就必须有无穷大，但在物理宇宙中，哪里都没有出现过无穷大。今天的物理学家似乎认为，他们只需要把无穷大当成又一个大数就好了。但无穷大的核心特质，跟任何有限大小的数都完全不同。无论你等多久，也无论你做什么，永远都不可能实现 —— 永远无法企及。"

他总结道："所以我认为，物理上真实的东西没有什么是无限的，这应该是哲学的基本原则。我无法证明 —— 可能是真的，[217]也可能不是。但我们应该以此为原则。"

1. Ellis GFR, Brundrit GB. 1979. *Life in the infinite universe*. QJRAS 20 : 37 – 41.
2. Hilbert D. 1926. *Über das Unendliche*. Mathematische Annalen 95. Berlin: Springer.

我说：“让我困惑的是，在其他领域，物理学家确实在把'没有无穷大'当成原则。”

“真的？”

“是真的——要是在函数里出现无穷大，我们就会假定这不是物理。”我解释道，“但为什么定理当中不应该有无穷大，数学上并没有充分理由。这是哲学要求变成了数学假设。人们会说起这些，但从来不会写出来。我为什么说物理迷失在数学中，也是这个原因。我们用了很多基于哲学的假设，但并没有关注这些假设。”

“确实。”乔治说，“问题在于物理学家已经被某些哲学家弄得对哲学没了兴趣，而这些哲学家只会胡说八道，比如著名的索卡尔事件，等等；而且也有哲学家——从科学的角度来看——确实在满口胡言。但无论如何，你如果要搞物理，总得用哲学作为背景，也有很多很优秀的哲学家，如杰里米·巴特菲尔德（Jeremy Butterfield）、蒂姆·莫德琳（Tim Maudlin）和戴维·艾伯特（David Albert），在科学和哲学的关系方面，他们都明白得很。科学家也应当与优秀的哲学家形成良好的工作关系。因为他们能帮助我们看清：基础是什么，拟定问题最好的方式是什么。”

鸿沟哲学

1996年，物理学教授艾伦·索卡尔（Alan Sokal）向一家学术杂志提交了一篇题为《跨越界线：迈向量子引力的转换诠释学》的恶搞文章，并被接受发表。杂志审稿人和编辑未能将显而易见的废话与学术写作区分开，给哲学家留下了心理伤害，也让物理学家增强了对自身优越感的信心。

哲学家和物理学家，尤其是致力于基本问题的物理学家，眼下关系很紧张，其中一个原因就是索卡尔恶作剧。我认识的 218 很多物理学家都把"哲学"这个词当成侮辱，就连那些支持哲学家的追寻的人，也会怀疑这个词的用意。

可以理解为什么会这样。我听说过哲学家重新发明物理学家很久以前就知道不对的论点，也听说过哲学家为物理学家好多年前就已经解决了的悖论担着心，还听说过哲学家推导出了自然定律应当如何，而对自然定律实际如何置若罔闻。一句话，很不幸，有很多哲学家对自己力有不逮之处毫无自知之明。

然而，同样的话也可以用在物理学家身上。要是某些哲学家未曾四处说着我就是那样的人，我反倒会觉得惊讶。尽管不愿意承认，物理学家还是在频繁引用哲学观点，我当然也不例外。对我们来说，要将哲学弃如敝屣容易得很，因为哲学确实一无是处。

在自己的专业追求中，科学家极度以目标为导向，只对有机会推进自己研究的新知识才有兴趣获取。但我还没发现有哪位哲学家，真正提出过物理学家可以研究的东西。即使是了解物理学的哲学家，似乎也满足于分析、批评我们的所作所为。有用不是他们的议题。

　　在这方面我能说的就是，我的经历是典型的。我同意劳伦斯·克劳斯的总结："作为在职物理学家 …… 我和大部分同行都讨论过这个问题。我们发现，关于物理学和科学本质的哲学猜测并没有特别有用，对我们这个领域的进展也没有或很少有影响。"[1] 史蒂文·温伯格也有类似评论："哲学知识似乎对物理学家来说没用。"[2] 史蒂芬·霍金更为偏激，甚至说："哲学已死。哲学没能跟上现代科学的发展，尤其是物理学。在我们对知识的追寻中，科学家成了举着发现火炬的人。"[3]

　　有个回应的声音来自纽约城市大学的哲学家马西莫·皮柳奇（Massimo Pigliucci）。他只是宣称："哲学的要务并不是推进科学。"[4] 好吧，既然哲学的要务并不是推进科学，那就不难理解为什么科学家觉得哲学没用了。

219

　　但是，我显然不应让一个声音就代表整个哲学家圈子。我很高兴地发现蒂姆·莫德林同意"物理需要哲学"，物理学家也极有可能从中受益，因为"哲学上的怀疑态度关注的是理论

1. Krauss L. 2012. *The consolation of philosophy.* Scientific American, April 27, 2012.
2. Weinberg S. 1994. *Dreams of a final theory: the scientist's search for the ultimate laws of nature.* New York: Vintage.（本书中译本《终极理论之梦》已由湖南科学技术出版社出版。—— 译者注）
3. Hawking S, Mlodinow L. 2010. *The grand design.* New York: Bantam.（本书中译本《大设计》已由湖南科学技术出版社出版。—— 译者注）
4. Pigliucci M. 2012. *Lawrence Krauss: another physicist with an anti-philosophy complex.* Rationally Speaking, April 25, 2012. http://rationallyspeaking.blogspot.de/2012/04/lawrence-krauss-another-physicist-with.html.

和论证概念上的薄弱之处 "[1]。好极了。但是该死的，你早干吗去了？二十年前，十年前，你在干吗？我们把自己绕进这个烂摊子的时候，你在干吗？

今天物理学基础中的大部分问题，都是哲学上的隔靴搔痒，而不是跟实验数据剑拔弩张。我们需要哲学来找到不适的根源。数值巧合是我们应当注意的吗？用美感来评估自然定律是正确的吗？我们有理由相信更基本的定律也会更简单吗？如果科学家为了让印刷机有事干就一直成吨成吨地生产假说，那对他们的想法，什么样的评估标准才是合适的？

我们需要哲学家来弥合科学出现之前的困惑与科学论证之间的鸿沟。然而这同样意味着，当科学有了进步，当我们的知识有了扩展，哲学的空间不可避免地会缩水。跟优秀的心理学家一样，优秀的科学哲学家的成功就是让自己变得多余。仍然得跟优秀的心理学家一样，如果病人怒火中烧，否认自己需要帮助，他们也不必觉得被冒犯。

"我觉得，自然性，即一个理论不应该有数值巧合，也是个哲学标准。"我说。

"是的。"

---

1. Maudlin T. 2015. *Why physics needs philosophy*. The Nature of Reality (blog), April 23, 2015. PBS. www.pbs.org/wgbh/nova/blogs /physics/2015/04/physics-needs-philosophy/.

　　"您说是这样，但我跟我们这一代人聊的时候，很多人都只是把自然性仅仅当成数学标准。但如果想让自然性成为数学标准，就得有个概率分布。而这个概率分布又从何而来呢？那好，220 你还得有个理论来说明这个概率分布，要不就是另外一个概率分布来说明这个理论的概率分布，等等。"

　　乔治继续称是，并说道："在多重宇宙中，你可以为任何你喜欢的概率分布争辩一番，但没法证明这个概率分布适用于物理学。从科学角度讲，概率分布无法检验，只是为了符合数据而临时凑数的理论。"他顿了顿，又补充道："我觉得，理论物理学领域现在处于非常奇怪的态势。"

本章提要

- 目前的学术结构强烈支持能迅速增生、广泛传播的想法，比如美丽但难以检验的理论。
- 现在的理论物理学家有了得到广泛认可的做法，来产生未来很长时间都仍然无法检验的新的自然定律。
- 接触哲学也许能帮助物理学家认清哪些问题更值得研究，但目前几乎没有这样的接触。
- 221 理论物理学家对审美标准的依赖，以及因此带来的缺乏进展，表明科学未能自我纠正。

第 10 章
知识就是力量

> 我言维服，勿以为笑。如果人人都肯听我言，这个世界会更美好。

我，机器人

物理学家在自然定律中发现了美，已经很难让人惊讶了。如果你整堂数学课都只把方程式看成难看的乱涂乱画，你恐怕不会成为理论物理学家。有据可查的抱怨过自然定律很恶心的物理学家可并不多，原因跟没有多少卡车司机抱怨大发动机很丑是一样的：我们以此为业，是因为这个职业吸引了我们。

当然，追求美仍然是贯穿我们整个职业生涯的动力。正如戈登·凯恩所说："因为干这工作感觉挺好，也一直很刺激。"或者像吉安·弗朗切斯科·朱迪切说的那样："对我来说，正是这些不合情理之处，让物理学又有趣又刺激。"而怀抱着能发现美的希望，也让物理学更加让人血脉贲张。在关于超对称的著作中，达恩·奥佩尔写道："最美丽的理论写下来可以很简洁、简短，可能就只是一个方程……我写下这一段的时候，能感

222 觉到心跳略微加速，掌心开始冒汗。"[1]

对，科学家就是掌心会冒汗的人，尽管公众并不喜欢这样看我们。在最近的一项调查中，科学家被视为比"普通人"更"值得信赖"的人，但是也更"像机器人"、更"目标导向"、更"冷漠"[2]。不是多让人高兴。但侮辱之处不在于这些判断本身，而是把职业当成了人。就职业来说，那些陈腔滥调都很对：科学家企图成为超人。我们努力超越人类的认知缺陷，而要做到这一点，就得有防止我们自欺欺人的手段。

然而，目前的手段不够有效。要成为优秀科学家，我们还必须意识到我们的愿望、渴求和弱点。我们必须认识到自己身上的人性，并在必要的时候，修正我们的不足之处。

我相信你肯定听过这个说法：我们生来都是小科学家，自然地就会去发现这个世界，直到误导人的教育扰乱了我们的本性。我也听过，这个说法很浪漫，但并不正确。是的，我们生来就很好奇，我们的婴儿在尝试和错误中学得很快。但我们的大脑生来并非为科学服务，而是为我们服务。那些在进化过程中对我们有益的，未必也对我们的科学有益。

---

1. Hooper D. 2008. *Nature's blueprint.* New York: Harper Collins, p. 5.
2. Rutjens BT, Heine SJ. 2016. *The immoral landscape? Scientists are associated with violations of morality.* PLoS ONE 11(4):e0152798.

叠床架屋的数学

并非只有物理学家在追寻美。詹姆斯·沃森（James Watson）回忆，罗莎琳德·富兰克林（Rosalind Franklin）坚信 DNA 是双螺旋结构，因为"太美了，必须是真的"[1]。生物学家总是首选好看的动物来研究[2]。数学家戴维·欧瑞尔（David Orrell）也曾指出，气候学家偏爱优雅但有损精确度的模型[3]。

但追寻美并不是万有理论。如果现在还没有想把问题一网打尽的认知偏误，那也理应有一个，我也会尽量避免掉进这个坑。我只注意到少数几个学科领域存在审美偏误，即使在物理学中，也主要只在我写到的领域中占主导地位。但是，在继续讨论更普遍的社会和认知偏误之前，我想强调在某个领域中，对优雅数学的渴望对我们生活的影响比量子引力的影响还大，这就是经济学。

"经济学这个专业领域之所以会误入歧途，是因为经济学家群体，误将数学上花枝招展的美，当成了真理。"美国经济学家保罗·克鲁格曼（Paul Krugman）如是说[4]。跟很多理论物理学家

---

1. Watson JD. 2001. *The double helix: a personal account of the discovery of the structure of DNA*. New York: Touchstone, p. 210.

2. Fleming PA, Bateman PW. 2016. *The good, the bad, and the ugly: which Australian terrestrial mammal species attract most research?* Mammal Rev. 46 (4): 241–254.

3. "我敢说，这些统计时间序列技术没有被官方气候预测纳入使用的主要原因，与审美有关——我怀疑这个话题在政府间气候变化专门委员会（IPCC）的会议上曾多次出现。" Orrell D. 2012. *Truth or beauty: science and the quest for order*. New Haven, CT: Yale University Press, p. 214.

4. Krugman P. 2009. *How did economists get it so wrong?* New York Times, September 2, 2009.

一样，我也曾考虑过转行经济学，期待会有更好的就业机会。我并非对数学印象深刻，倒是对缺乏数据大吃一惊。我不会说经济学很美，但肯定可以说很简单。太简单了，我觉得。希望基本粒子遵循简单的普遍规律是一回事，期待人类也同样如此，就完全是另一回事了。

当然，我并不是第一个认为经济学会从更精密的数学中受益的物理学家。多因·法默（Doyne Farmer）是经济物理学的创立者之一，这门学科将物理学中发展起来的数学方法用于经济学问题。多因有混沌理论和非线性动力学背景，现在是牛津大学马丁学院新经济思想研究所复杂性经济学项目的负责人。我给他打了个电话，问他对优雅的经济理论有什么看法。

"经济学当中有个很奇怪的事情就是，理论会遵循一个样板。"多因说，"这个样板基本上是这样：你要有个系统，系统中那些人会自私自利地最大化他们的偏爱；你要是没有这么个系统，他们就会说，这个理论没有任何经济学内容。他们的概念是所有理论都必须出自这一原则。这个原则强制执行得很严格，尤其是在所谓的顶级期刊上面。"

"经济学有非常严格的期刊等级制度，"他解释道，"有大概350种期刊，他们知道排序 —— 他们知道这本排名二十，那本排名三十，等等。有五本顶级期刊，在随便哪一本上能发一篇文章都很了不得。在这些顶级期刊上的一篇文章就能让你在一所很好的大学求到终身教职。"

"哇喔，"我说，"这比物理学还糟糕呢。"

"是啊。盲从的程度非常高，太糟糕了。对一篇论文该怎么写，关于风格、呈现方式还有理论的类型，是否与相信理论应该是什么样子的主流意见有关，都有非常严格的标准。在他们看来，这是让理论优雅而美丽。但我恰好并不觉得，这样的理论就又优雅又美丽了。我是说，也许这些理论在某种意义上很优雅，但我并不相信根本框架。老实说，在我看来有点儿傻不拉几的。"

"而且这跟弦论还不一样，"多因说，"弦论中你至少还可以说，你得到了一些很漂亮、很有创见的数学。但经济学并不是深刻、独创性的数学。这就只是机械地启动标准的材料分析而已。我认为，经济学家并没有以有趣的方式对数学有所贡献。"

"也许结果会证明他们是对的，到最后他们也能找到他们在找的东西。但在经济学中，我认为主流模型最多也只能算部分成功，很明显是这样。我觉得这是因为，在经济学中要想进步，他们就得放弃一些原则。而这些原则之所以存在，只是因为能让他们得到优雅的结果，而非能解释这个世界。"

"就像平衡理论。他们喜欢平衡理论，是因为一旦假设这个理论成立，就很容易得出结论。但另一方面，如果世界不是这么运转的，如果底层的经济学不是这个样子，那么最后就整个儿都只是在浪费时间。而很多情形我认为都是这样。"在经济学中，平衡指一种稳定状态，其中供需达到平衡，商品价值也最优化了。

我说："我记得读过您的一些批评平衡理论的文章，不过那还是十年前[1]。我在想 —— 也可以说在希望 —— 这应该已经是共识了，因为太简单化了。经济学一涉及数据就一定会极度混乱。跟物理学不一样，物理学中我至少还能理解他们对简洁的信仰。我期望的是，如果你想描述现实世界的经济，那么结果一定是大量用计算机做的分析。"

"我完全同意，我也正在这个方向上努力推进，但我们是少数派。"

我说："我很吃惊，因为'大数据'现在可是个大热门，我还以为经济学会是最先去研究大数据的。"

多因说："经济学家已经竖起了耳朵。但这跟他们以前做的差别太大了，还需要一些时间。"

"经济学家怎么会对数学如此着迷的？"我问。

"数学进入物理学有充分理由。"他解释道，"数学允许你采用一组假设，并从这组假设出发推理出结果。因此，在社会科学

---

1. 可参见 Farmer JD, Geanakoplos J. 2008. *The virtues and vices of equilibrium and the future of financial economics*. arXiv: 0803.2996 [q-fin.GN].

中运用数学的想法很激动人心。问题并不在于数学本身。我担心的是，已经成为主导的事物之所以成为主导，是因为优雅，因为人们可以证明结论，而不是因为对描述这个世界有任何好处，是数学家在街灯底下给他们找钥匙。"

"我也认为美丽很伟大，我完全支持优雅。"多因说，"但如果这里面汗牛充栋、叠床架屋的都是数学，就算这些数学都很优雅，我也还是会担心。这些数学可能是很不错，但说到底，你有多肯定自己是在搞科学呢？"

别信我，我是科学家

你听说过中子寿命的奇特故事吗？中子由三个夸克组成，又可以跟质子一起组成原子核。原子核虽然很稳定，但如果把中子从原子核中取出来，中子就会衰变，平均寿命约为10分钟。更准确地说，是885 ± 10秒。奇特的地方就是，是加还是减？ 226

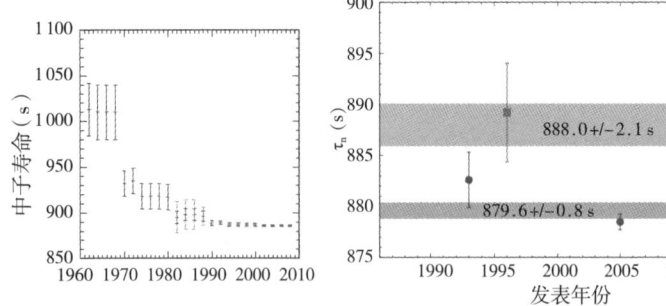

图15 中子寿命测量的逐年结果。来源：Patrignani C等（粒子数据小组），2016年，《粒子物理评论》，Chin Phys C 40:100001.（误差线为1σ.）Bowman JD等，2014年，《自由中子寿命的测定》，arXiv:1410.5311 [nucl-ex].

从20世纪50年代开始，对中子寿命测定的精度就一直在稳步增加（图15，左图）。目前有两种不同的测量手段，也分别产生了不同结果（图15，右图）。两者间的不一致，比测量中不确定性所允许的差异还要大，这意味着这种结果出于偶然的可能性是万分之一[1]。这个结果很费解，也有可能是新物理学的前兆。但我要说的并不是这些。

再看一眼图15的左图。中间的小横杠是测量值，竖线则是报告的不确定范围。注意一下数据如何一步步变化，突然之间跳到先前被强力排除的新的取值，有时候甚至超出了报告的不确定范围。实验人员似乎不仅低估了不确定程度，而且倾向于得到跟先前的结论最吻合的结果。随着时间跳来跳去的测量结果，可不是只有这一个。过去几十年，类似的跳跃也发生在至少

227　数十种其他粒子的寿命、质量和散射率身上[2]。

我们永远也无法确切知道为什么会这样。但有一种看似可信的解释是，实验人员会在无意识中试图重现他们知道的结果。我不是说有意造假。只不过要是你得到的结果跟现有文献不一致，那跟你的结果与别人的一致比起来，你会更想找出错误。这会让你的分析倾向于重现之前的结果。

但实验人员已经认识到这个问题，而且采取了措施来解决。

1. 目前为3.8 σ。参见 Yue AT et al. 2013. *Improved determination of the neutron lifetime.* Phys Rev Lett.111:222501. arXiv:1309.2623 [nucl-ex].
2. Patrignani C et al. (Particle Data Group). 2016. *Review of particle physics.* Chin Phys C 40:100001.

确实你也看到了，最近的测量结果并不一致（图15，右图）。在很多合作中，现在很普遍的做法是，甚至在查看数据之前（在数据"揭晓"之前）就确定一种分析方法，然后就只遵循之前商定的程序。如果结果不如预期，这样做可以防止尝试不同分析方法的倾向。

在生命科学领域，最近的可再现性危机也让防止在实验设计、统计分析和文章发表中出现偏误的努力加强了[1]。但还有很长的路要走，但至少我们出发了。

在理论发展领域，我们所用的仪器就是我们的大脑。但我们并没有做任何事情来防止大脑运转中出现偏误。我们没法用简单的图像来让进展可视化，但我敢肯定，如果能可视化，我们也会看到在理论家中间有再现现有结果的偏好。对有些课题，我们堆积了太多论文，使这些主题甚至在缺乏实验证据的情况下也能成为自给自足的研究领域。这些都是精心设计的理论架构，正在彻底检验——检验数学上的一致性。给出在数学上同样一致的不同解就等于跟现有文献都不一致的结果。

以黑洞蒸发为例。这个课题没有实验数据。火墙悖论（见第8章）表明，研究最多的尝试解决黑洞信息丢失问题的理论——规范-引力对偶违反了等效原理。因此，这个理论并没有解决想要解决的问题，因为它与广义相对论的主要假设相矛盾[2]。但之

---

1. Baker M. 2016. *1,500 scientists lift the lid on reproducibility*. Nature 533:452–454.
2. 我认为，火墙悖论只是因为证明过程有误。参见 Hossenfelder S. 2015. *Disentangling the black hole vacuum*. Phys Rev D. 91:044015. arXiv:1401.0288. 不过，无论其重要性如何，看到我的同行们会得出什么结果还是很有意思的。

前有太多努力是在支持这个所谓的解决方案，无法想象现在要
228 放弃。与此相反，现在理论物理学家在尝试通过改造量子力学，
让新的结果与之前的努力能够相容。

例如胡安·马尔达西那（Juan Maldacena）和伦纳德·萨
斯坎德曾假设：纠缠态的粒子是通过虫洞连接起来的，这种时
空变形过于剧烈，使得两个以前相距遥远的位置能通过一条短
短的隧道相连[1]。这样一来，非定域性就不再"诡异"了，而是成
为时间和空间的一种特性，而我们的宇宙也被虫洞穿得千疮百
孔。虫洞，尤其是会连接起霍金辐射的粒子对，消除了火墙和黑
洞信息丢失问题。这个想法是在宇宙学常数为负值的时空中建
立起来的，因此并未描述我们栖身的宇宙。但他们希望，这是个
普遍原则，在我们这个宇宙也能成立[2]。

他们的理论说不定是对的。这个新思路很让人兴奋。如果
大自然像这样运转，这就是个让人惊异的见解。而且，这个理论
与之前的所有结果都非常吻合。

帐篷好臭

珍视美并想符合美的标准是人类的特性，但这样会歪曲我

---

1. Maldacena J, Susskind L. 2013. *Cool horizons for entangled black holes.* Fortschr Physik 61(9):781–811. arXiv:1306.0533 [hep-th].
2. 虫洞也叫爱因斯坦 - 罗森（ER）桥，纠缠粒子也叫作EPR态，因为最早讨论这一状态的是爱因斯坦、波多尔斯基（Podolsky）和罗森（Rosen）（Einstein A, Podolsky B, Rosen N. 1935. *Can quantum-mechanical description of physical reality be considered complete?* Phys Rev. 47:777）。两者描述了同一关系的猜想，就此以ER=EPR的形式进入文献中。

们的客观性。这样的认知偏误让科学难以起到最好的作用，目前这些偏误也还无法解释。而在理论家中间，你会发现的偏误也不止这一种。实验人员在殚精竭虑地解释统计偏差，理论家倒是完全不为所动，很乐意相信仅凭直觉就有可能找到正确的自然定律。

人类的认知偏误并非总是件坏事。大部分认知偏误之所以会出现，是因为对我们有好处，或至少曾经有好处。例如，我们更愿意提出我们认为会被其他人广泛接受的观点。这种"社会期许偏误"是我们需要融入集体以求生存的副产品。假如你身后站着十几个手持长矛的勇士，聪明如你，可不会告诉部落首领说帐篷里好臭。但是，尽管机会主义可能有利于生存，却很少有益于发现知识。   229

在科学界，脑子里最常见的毛病也许要算是确认偏误。在你找文献支持自己的观点时，在你的结果与预期不符于是想找出错误时，在你避开那位提的问题很烦人的人时，都会出现确认偏误。在展现基础研究的好处时，我们几乎总是以对着唱诗班布道的形式结束，原因也是确认偏误。如果没有发现全新的自然定律，创新最终就会枯竭。

但影响科学的其他认知和社会偏误还有很多，只是没有这么广为人知罢了[1]。动机性认知就是其中之一[2]，令我们相信正面

---

1. 延伸阅读：Banaji MR, Greenwald AG. 2013. *Blindspot: hidden biases of good people*. New York: Delacorte; Kahneman D. 2012. *Thinking, fast and slow*. New York: Penguin.
2. Balcetis E. 2008. *Where the motivation resides and self-deception hides: how motivated cognition accomplishes self-deception*. Social and Personality Psychology Compass 2 (1): 361–381.

结果比实际发生的可能性更大。还记得人们说大型强子对撞机可能会看到标准模型之外的物理证据吗？还说这些实验未来几年可能会找到暗物质的证据，哦，他们还在这么说吗？

接下来是沉没成本谬误，更常见的说法是"打水漂的钱"。你花在超对称理论上的时间和精力越多，就越不可能放弃，尽管机会看起来越来越渺茫。我们一直在做的事情很久之前就知道明显没有希望了，但我们仍然在做，因为已经投入了那么多，而且我们不想承认我们可能错了。这也是为什么普朗克会打趣道："科学的每一次进步，都是一场葬礼。"[1]

"门户之见"让我们觉得，我们自己所在领域的研究人员比其他领域的人更聪明。"信息共享偏见"是我们一直在谈论人人都已经知道的事情，而没能注意到只有少数人知道的信息的原因。我们喜欢在噪声中发现规律（过度关联错觉）。如果结论貌似合理，我们会觉得论据更有力（信念偏误）。光环效应说的是，你会对诺贝尔奖得主的话更感兴趣，而不是我 —— 无论是什么话题。

还有一个错误共识效应：我们总是会高估有多少人同意我们的观点，以及他们有多同意。而在科学中会带来最大问题的

---

1. 好吧，他的原话并不是这么说的，这是个广为流传的转述版本。他的原话是："新的科学真理并不是通过说服其反对者、让他们看到光芒而获胜，而是因为其反对者终于寿终正寝，对这个科学真理更熟悉的新一代人成长起来而获胜。" Planck M. 1948. *Wissenschaftliche Selbstbiographie. Mit einem Bildnis und der von Max von Laue gehaltenen Traueransprache.* Leipzig: Johann Ambrosius Barth Verlag, p. 22.

认知歪曲之一是，一件事情我们听说得越多，就越会觉得是真的。这叫作注意力偏误，或"重复曝光效应"。尤其当信息被我们圈子里的其他人重复时，我们会对这些信息更为关注。这种共同强化效果会把科学界变成回音壁，研究人员在其中来来回回一遍又一遍重复着自己的观点，不断让自己相信：他们做的是对的。

接下来是所有偏误的本源或偏误盲点 —— 坚信我们绝无任何偏见。这就是为什么在我笑他人看不穿，说这些偏误是个问题时，只换来别人笑我太疯癫。他们对我的"社会学论据"不屑一顾，相信这些论据跟科学论述毫无关系。但已经有无数研究证实存在这些偏误；而且没有任何迹象表明聪明的人就能免受其害：研究发现，认知能力和思维偏误之间毫无关联[1]。

当然，并不是只有理论物理学家才有认知偏误。在所有科学领域，你都能发现同样的问题。我们无法放弃已经变得毫无结果可言的研究方向；我们不善于整合新信息；我们不会批评同行的想法，因为害怕会变得"不受社会欢迎"；我们漠视那些非主流的思想，因为来自"不像我们"的人。我们在侵犯了我们学识独立性的系统中随声附和，因为人人都如此行事。我们也坚持认为，我们的行为是良好的科学表现，纯粹基于不带任何偏见的判断。因为我们不可能受到社会和心理效应的影响，无论那样的影响有多显著。

---

1. Stanovich KE, West RF. 2008. *On the relative independence of thinking biases and cognitive ability*. J Pers Soc Psychol. 94 (4): 672 – 695.

当然，我们一直有认知偏误和社会偏误。正是因此，今天的科学家才会用制度化的方法来增强客观性，包括同行评议、统计意义的衡量标准以及良好的科学行为指引。科学也一直进展顺利，那为什么现在我们得开始注意呢？（对了，这就叫作"现状偏误"。）

群体越大，在分享相关信息时效率就越低[1]。此外，群体越是专业化，其成员就越可能只听得到支持他们观点的内容。这也是为什么在今天的科学网络中，了解知识转移比一个世纪前乃至比 20 年前都重要得多。而我们越是依赖于脱离了实验指导的逻辑推理，客观论证就越显重要。这个问题对理论物理学某些领域的影响比其他科学领域严重得多，这也是本书的重点内容。

当然，实验人员也会推动他们自己的议题。他们喜欢新技术的发展，不会让理论家来决定未来的实验。但是，他们仍然需要我们这些理论家来指出：参数空间中哪些新区域值得探索。我们有责任尽可能客观地评估我们的理论，以便帮助确定最有希望的新实验是什么。

无论在什么领域，只要理论是由人类建立的，就必须默认假设理论评估既有认知偏误，也有社会偏误，除非已经采取措施解决这些问题。但目前并没有采取过这样的措施。因此，几乎

---

1. Cruz MG, Boster FJ, Rodriguez Jl. 1997. *The impact of group size and proportion of shared information on the exchange and integration of information in groups.* Communic Res. 24(3):291–313.

可以肯定：进步比应有的速度慢。

我们怎么落到这个地步的？因为对我们科学家来说，责怪管理机构或资助单位非常容易，抱怨也着实不少：《自然》杂志和《泰晤士高等教育》似乎每隔一周就会发篇如何衡量科学成功与否的无意义尝试的咆哮文章。我把这些文章转发到脸书上时，也肯定会有好多人点赞。然而什么都没有改变。

抱怨他人无济于事，因为这是我们自己造成的问题，我们也必须自己解决。我们没有保护好自己做出无偏见判断的能力。我们让自己被逼到绝境，如今只要我们想保住饭碗，就不得不经常谎话连篇。我们接受这种情形，这是科学界的失败；改变这个局面，是我们的责任。

批评你自己的部落并不怎么讨人喜欢，但帐篷里确实很臭。

批评家说，批评不过是口舌之快。我用了九章的篇幅来阐述理论物理学家固守着过去的美丽理想，现在你大概会想："我 232 觉得他们还应该做点什么？难道就没有别的选择了吗？"

对理论物理学家正在努力解决的问题，我没有奇迹疗法。就算我跟你说我有神药，你也最好是一笑置之。这些问题都很棘手，抱怨审美偏误并不会让审美偏误消失。下面的章节我提出了一些想法，可以作为起点。但是跟其他人一样，我显然也会有自己的偏好，而且，我当然也有偏见。

在这里，我的目标更为普遍，远远超出了我自己的学科。认知和社会偏误威胁着科学方法，挡在前进的道路上。尽管我们永远无法全然摆脱人类偏见，但并不是说我们就只能逆来顺受。至少我们可以学着认识问题，避免在不好的学界行为中加以强化。在附录C中，我列举了一些实用性建议。

迷失在数学中

我说过，数学让我们诚实；数学让我们无法自欺欺人。你可能会在数学上出错，但你不能撒谎；而且你不可能在数学上撒谎，这也是真的。但这会带来极大混淆。

还记得吗？在科学的圣殿中，物理学基础是最底下那一层，而我们在努力突破，得到更深层次的理解？在我的旅程接近终了时，我很担心：我们在地板上看到的裂缝根本不是真正的裂缝，而只是错综复杂的图案。我们挖错了地方。

你已经看到，目前我们研究的物理学基础上的大部分问题，都是数值巧合。希格斯玻色子质量的微调，强CP问题，宇宙学常数太小，等等，这些不是矛盾，而是审美方面的疑虑。

但在我们这个领域的历史上，只有确实存在矛盾时，数学推理才能指明方向。狭义相对论与牛顿引力之间的矛盾带来了广义相对论；狭义相对论与量子力学之间的矛盾则带来了量子场论；标准模型的概率诠释失败了，让我们可以下结论说大型强子对撞机必定会发现新的物理学，于是新物理学以希格斯玻色子的面目出现了。这些问题是可以用数学来解决的，但我们现在面对的大部分问题都不是这种类型。唯一的例外是引力的量子化。

因此，我得出的第一个经验是：如果你想用数学来解决问题，首先要确保这真的是个问题。

理论物理学家为他们的经验和直觉而自豪。我也完全赞成运用直觉做出只有以后才有可能被证实（或得不到证实）的假设。但我们必须密切关注这些假设。否则，即便不合理，我们也会有被迫接受的风险。基于直觉的假设通常都先于科学，可以归入哲学范畴。如果确实如此，我们也需要接触哲学家，以知道我们的直觉怎样才能更科学。

因此，我的第二个经验是：阐明你的假设。

自然性就是这样的假设，简洁也是。还原论并不意味着尺度变小时简洁程度也会稳步增加。可能我们反而必须经历一段（从尺度来看）理论再次变得很复杂的时期。对简洁的依赖，穿上了统一或者公理数量精减的外衣，会误导我们。

但就算有了正确的问题和明确阐述的假设，数学上仍然可能有很多个解。最终确定哪种理论才正确的唯一方法是：检验该理论是否描述了自然；非经验的理论评估无法胜任。在寻找量子引力理论时，在探索量子物理更好的形式时，唯一的出路就是推导并检验不同的预测。

所以，我的第三个也是最后一个经验是：有必要以观测为引导。

234　　物理不是数学，是选择合适的数学。

研究还在继续

2016年6月22日，有了最早的传言：双光子异常在大型强子对撞机的新数据中消失了。

2016年7月21日，LUX暗物质实验结束搜索，报告没有发现弱相互作用大质量粒子的迹象。

2016年7月29日，双光子异常消失了的传言甚嚣尘上。

2016年8月4日，大型强子对撞机的新数据发布了。数据确认，双光子异常已永远消失。在"发现"双光子异常的八个月中，关于这个统计异常产生了500多篇论文，很多都发表在该领域的顶级期刊上，其中最当红的那些已经被引用了300多次。如果说我们从中学到了什么，那就是目前的做法让理论物理学家可以为碰巧扔给他们的随便什么数据迅速杜撰出数百种解释。

接下来的几周，弗兰克·维尔切克输掉了跟加勒特·利西打的赌，说超对称会在大型强子对撞机中被发现。2000年的一次会议上也有过类似的赌约，胜出的是反对超对称的那一方[1]。

同时我也赢了跟自己打的一个赌，就是指望着一直到我完成本书，我的同行都还是会一直失败。胜算在我这边——他们花了30年时间，一遍遍尝试同样的事情，期待会有不同的结果。

2016年10月，CDEX-1协作组报告，没有看到任何轴子。

等待理论得到证据支持，多久才算太久？我不知道，我甚至觉得这个问题没有意义。也许我们要找的粒子就在附近游荡，要发现它们，也真的只是技术成熟度的问题。

但无论我们是否会发现什么，已经很清楚，理论发展的陈旧规则已经走到了尽头。就算解释信号异常的500种理论还不足以说明问题，再加上193种早期宇宙模型也足够证明：目前的质量标准对评估我们的理论已经无能为力。为了选出未来有希望的实验，我们需要新标准。

2016年10月，德国卡尔斯鲁厄的KATRIN实验开始进行，任务是测量迄今仍未知的中微子的绝对质量。到2018年，澳大利亚和南非目前在建的射电望远镜——平方千米阵列——将

---

1. Wolchover N. 2016. *Supersymmetry bet settled with cognac*. Quanta Magazine, August 22, 2016.

开始搜寻来自最早星系的信号。接下来这些年，芝加哥费米实验室的g-2实验和东京的J-PARC实验将以前所未有的精度测量μ子的磁矩，探究实验和理论之间长期存在的紧张关系。欧洲航天局测试了飞船运载的激光干涉仪eLISA，该仪器能在尚未探测过的频率范围测量引力波，带来暴胀期间的新细节。还有大量大型强子对撞机的数据有待分析，我们仍有可能发现标准模型之外的物理学。

我们知道，目前已有的自然定律并不完整。要令其完整，我们就必须了解空间和时间的量子行为，彻底改造引力理论或量子物理，也或者两者兼具。毫无疑问，答案还会带来新的问题。

物理学似乎是20世纪的成功故事，而现在是神经科学、生物工程或人工智能的世纪（看你问的是谁）。我觉得这不对。我拿到了新的研究经费，有很多工作要做。物理学的下一个重大突破将在这个世纪发生，而且会很漂亮。

致谢

对以下所有人我都必须致以诚挚感谢，采访他们让我得以营造出如此生动的物理学界的画面：尼玛·阿尔卡尼-哈米德、多因·法默、吉安·弗朗切斯科·朱迪切、杰拉德·特·胡夫特、戈登·凯恩、迈克尔·克雷默、加勒特·利西、凯瑟琳·麦克、基思·奥利夫、查德·奥泽尔、约瑟夫·波尔钦斯基、史蒂文·温伯格、文小刚以及弗兰克·维尔切克。非常感谢——你们都很让人赞叹！

多年来，有很多人帮助我更好地理解了本书涉及的各式话题，对他们我同样需要万分感谢：霍华德·贝尔、泽维尔·卡尔梅（Xavier Calmet）、理查德·达维德、理查德·伊斯特尔（Richard Easther）、威尔·金尼（Will Kinney）、斯泰西·麦高（Stacy McGaugh）、约翰·莫法特（John Moffat）、弗洛林·莫尔多韦亚努（Florin Molveanu）、伊森·西格尔（Ethan Siegel）、戴维·斯伯格（David Spergel）、蒂姆·泰特（Tim Tait）、蒂尔曼·普伦（Tilman Plehn）、乔治·托列里（Giorgio Torrieri），还有难以计数的很多很多人，从他们的研讨会、演讲、著作和论文中，我受益良多。

我也需要感谢阅读过本书手稿的志愿者：尼亚什·阿什欧第（Niayesh Afshordi）、乔治·马瑟（George Musser）、史蒂芬·谢勒（Stefan Scherer）、李·斯莫林（Lee Smolin）和蕾娜特·魏内克（Renate Weineck）。

特别感谢李·斯莫林，最后终于认识到无法说服我放弃写作本书。也特别感谢我的版权代理人马克斯·布罗克曼（Max Brockman），以及Basic Books出版社的各位员工，尤其是利娅·斯特克（Leah Stecher）和托马斯·凯莱赫（Thomas Kelleher）的支持。

最后，我想感谢史蒂芬忍了两年对"这本该死的书"的诅咒，以及谢谢拉拉（Lara）和格洛丽亚（Gloria）不时让我分心，这也是我亟须的。

237 本书献给妈妈。在我十岁的时候，她让我弄坏了她的打字机。妈，您看，总归还是有点好处的。

附录A
标准模型粒子

　　标准模型的粒子是根据规范对称来分类的（参见图6）[1]。强相互作用的费米子是夸克，我们已经发现了六种，分别叫作上夸克、下夸克、奇夸克、粲夸克、底夸克和顶夸克。上、粲、顶这三种夸克的电荷数为2/3；另外三种夸克的电荷数则是-1/3。夸克间的相互作用以八种无质量的胶子为媒介，这就是强相互作用的规范玻色子。其数量符合强相互作用的对称群，即SU（3）。

　　剩下的费米子不参与强相互作用，叫作轻子。轻子我们也有六种：电子、μ子、τ子（三者电荷数均为-1）以及三者分别对应的中微子：电中微子、μ中微子和τ中微子（三者均为电中性）。电弱相互作用的媒介是无质量、中性的光子，以及有质量的Z、W⁺和W⁻玻色子，电荷数分别为0、+1和-1。规范玻色子的数量也符合对称群，电弱相互作用的对称群就是SU（2）×U（1）。

---

1. 有很多优秀著作讲述了标准模型和粒子加速器，都比本书所需要详尽得多。此处仅列举两部最近的著作：Carroll S. 2013. *The particle at the end of the universe: how the hunt for the Higgs boson leads us to the edge of a new world*. New York: Dutton（本书中译本《寻找希格斯粒子》已由湖南科学技术出版社出版。——译者注）；Moffat J. 2014. *Cracking the particle code of the universe: the hunt for the Higgs boson*. Oxford, UK: Oxford University Press.

　　费米子可分为三代，粗略来讲，这三代可以按质量排序。不过更重要的是，这三代将费米子打包为必须包含等量夸克和轻子的集合，否则标准模型无法一致。一致性要求并没有严格限定有多少代，但现有数据强烈表明只有三代[1]。除开费米子（夸克加上轻子）和规范玻色子，标准模型中就只有一种粒子了，这就是希格斯玻色子。这种粒子的质量很大，也不是规范玻色子。希格斯玻色子为电中性，其任务是让费米子和有质量的规范玻色子产生质量。

240　　好难看啊，失望了不是？

1. Eberhart O et al. 2012. *Impact of a Higgs boson at a mass of 126 GeV on the standard model with three and four fermion generations*. Phys Rev Lett. 109: 241802. arXiv: 1209.1101 [hep-ph].

附录B
自然性的麻烦

假设概率均匀分布，是因为从直觉来看这是个简单选择，但并没有数学标准能选出这一概率分布。实际上，选出某种概率分布的任何尝试，都只会让我们回到某种概率分布一开始就更可取的假设。打破这一循环的唯一办法，就是做出选择。因此，自然性从根本上讲也是一种审美标准[1]。

要证明自然性标准的均匀分布是合理的，一开始也许可以从这里下手：声称这个分布没有引入额外参数。但是这个分布当然引入了参数：引入了数字1作为典型宽度。你大概会说："哦，但是1是自然性标准唯一允许使用的数字呀。"好吧，这取决于你如何定义自然性。你已经通过比较一个数字出现的概率和随机概率来定义了自然性。这个随机分布又是什么？于是又陷入循环。

为更好地了解这个标准为什么是循环论证，我们来考虑一

---

1. 物理学家对尺度分离（解耦）的依赖，部分可以追溯到1975年的一篇论文，该论文证明了在特定情形下量子场论的解耦。但是，证明过程依赖于可重整化的性质，并利用了取决于质量的重整化方案，这两个假设都大可商榷。参见 Appelquist T, Carazzone J. 1975. *Infrared singularities and massive fields.* Phys Rev.D 11: 28565.

个从 0 到 1 的间隔上的概率分布，峰值在某个数值附近，宽度为比如说 10^{-10}。你会大叫起来："这儿你引入了一个小数！这是微调！"不要急。这是根据均匀概率分布做的微调，但我用的不是均匀分布，而是尖峰分布。如果使用这一分布，两个随机选定的数就会非常有可能差值为 10^{-10}。你会说："但这是循环论证啊。"

241 对，但这是我的观点，不是你的。尖峰概率分布对自身合理性的证明，就跟均匀分布的一样多。哪个更好呢？

是的，我知道，不知怎的就会感觉常数函数很特别，就好像不知怎的觉得它更简单一样。也不知怎的，就是会觉得 1 是个很特别的数。但这是数学标准还是审美标准？

你可以试着用一个"元方法"来解决这个问题，问问自己是否有个最可能的概率分布。为此，你需要概率分布空间中的一种概率分布，以此类推，就会带来递归关系。数字 1 确实很特殊，因为是乘法群的单位元。因此，你可以尝试构建一个递推关系，以收敛于宽度为 1 的分布为限制条件。我曾把玩这个想法很久，但长话短说，答案是不行：你总是需要额外假设才能选定一个概率分布。

专门人士可以看看这个稍长一点的答案，更能说明问题：函数空间中有无数基数，从数学的角度来看，没有哪一个是特殊的，理当首选。我们只不过刚好特别习惯单项式，因此更喜欢常数、线性和二次函数。但是你完全可以（对任何你在处理的参数）同样在傅立叶空间中选择一个均匀分布。实际上，对任何可能的基数都有一个均匀分布，而且全都彼此不同。因此，如果你想用到递归，可以把对分布的选择换成对分布函数基数的选择，但无论如何你都还是需要做个选择。（递归也会带来额外假设。）

　　无论如何，无论你是否相信我的结论 —— 自然性并非数学标准，而是已经"迷失在数学中"的审美标准 —— 如何选择概率分布的问题并没有在文献中讨论，应该能让你稍稍犹豫一下 —— 尽管最早介绍这些方法的文章中有一篇谨慎指出："任何量化自然性的微调方法"都需要一个"必须在构建中引入一 242 个主观元素"的选择[1]。

　　技术自然性的现代化身利用了贝叶斯推断。这种情形下，选择就从概率分布转移到了前提条件[2]。 243

1. Anderson G, Castano D. 1995. *Measures of fine tuning.* Phys Lett B. 347:300–308. arXiv:hep-ph/9409419.

2. 更多细节可参见 Hossenfelder S. 2018. *Screams for explanation: finetuning and naturalness in the foundations of physics.* arXiv:1801.02176.

附录 C
你能帮上什么忙

　　要改善现状，自下而上和自上而下的方法都很有必要。这是个跨学科的问题，解决方案需要来自科学社会学、哲学、心理学，以及 —— 最重要的是 —— 在职科学家本人的投入。不同研究领域的细节有所不同，一双鞋不可能合所有人的脚。以下是能有所帮助的行动。

作为科学家

　　了解社会和认知偏误。对这些偏误都是什么，可能会在什么情形下发生，都能了然于胸，也告诉你的同行。

　　防止社会和认知偏误。如果由你来组织会议，鼓励演讲人不仅列出动因，也列出缺点。不要忘了讨论"已知问题"。邀请竞争项目的研究人员。如果评审论文，确保开放性问题被提及并充分讨论。将市场营销标记为在科学上不够充分。不要因为某项研究显得不够激动人心，或是从事该研究的人很少就不予考虑。

注意媒体和社会网络的影响。你读到的和你的朋友们谈论的，都会影响你的兴趣。对放进脑子里的内容要谨慎选取。如果 [245] 考虑未来研究什么主题，也要考虑如下因素：你经常听到别人积极谈论这一主题，对你产生了多大影响。

建立批评文化。对糟糕的想法视而不见并不能使之消失，它们还是会消耗研究经费。阅读其他研究人员的著作，并将你的批评意见公之于众。不要因为你的同行在批评别人就斥责他们，也不要认为他们在做无用功就太咄咄逼人。扼杀某些想法是科学的必要成分，就当成是社区服务好了。

说不。如果某项政策影响了你的客观性，比如该政策用你的研究成果是否受欢迎来决定是否持续投入资金，就请指出该政策干扰了良好的科学行为，需要改正。如果你所在的大学用论文数作为生产力标准，你也觉得这让数量高居质量之上，就请说出你不赞成这种情况。

作为高等教育管理者、科学政策制定者、期刊编辑或资金机构代表

干好自己的活。不要把决策推给别人。不要用获得了多少经费、研究有多受欢迎来评判科学家。这是靠人云亦云来做判断。自己做决定，负起责任。如果必须用到衡量标准，请创建自己的标准。请科学家提出他们的衡量标准更好。

使用明确的指引。如果必须依赖外部评审人，请提出如何尽可能抵消偏见的建议。评审人的评判不应以研究领域或研究人员的受欢迎程度为基础。如果某位评审者持续的资金来源依赖于某特定研究领域的良性发展，那么此人有利益冲突，理应避免其评审该领域的论文。如今这种利益冲突遍地都是，因此是个问题。参考以下三点缓解此问题。

做出承诺。你不能有这样的想法：任何科学工作都可以由两年博士后来完成。终身教职制度化是有原因的，这个原因至今也仍然有效。如果这就意味着人员更少，那就少着好了。你可以发表一大堆十年后就不再有人问津的论文，也可以成为一千年后仍有人谈论的思想的种子。你来选。短期经费意味着短视思维。

鼓励改变研究领域。科学家自然倾向于固守在他们已经了解的领域。如果某研究领域的前景黯淡下来，他们需要出路；否则你就得往夕阳领域扔钱。因此，提供再教育支持，提供一到两年的经费让科学家学习新领域的基本知识，并建立联系。在此期间，不应期望这些科学家写出论文、在会议上发言。

雇用全职评审人。在某些领域为专门提供客观评审意见的科学家设立有保障的职位。这些评审人不应该自己也在该领域工作，在选边站时也不应有个人动机。尝试与其他机构就这一职位该设置多少个达成一致意见。

支持发表批评和负面结果。目前，对他人工作的批评和负面结果的价值都没有得到充分认识。但对科学方法的运作来说，这些贡献绝对必要。设法鼓励让这样的沟通公之于众，例如通 247 过增刊特刊的形式。

提供关于社会和认知偏误的课程。对做学术研究的人来说，这应该是每一个人的必修课。我们都是社会的一分子，必须了解相关的缺陷。与来自社会科学、心理学和科学哲学领域的人坐在一起，就此主题提出讲座课程的建议。

允许通过任务专门化来实现分工。没有人擅长一切事情，所以也不要指望科学家就有三头六臂。有的是优秀评审人，有的是优秀导师，有的是优秀领导人，还有的则很擅长科学交流。让人人都在自己擅长的领域发光，并加以充分利用，但别去要求大部分晚上都用来给学生答疑的人也能挣来大量研究经费。

作为科普作家或公众

提问题。你已经习惯于质疑来自工业界的资金带来的利益冲突。但你也应该质疑因短期项目或短期合同带来的利益冲突。科学家未来的经费是否取决于能否产生他们刚刚告诉你的结果？

你同样也应该问，科学家的研究能否继续下去是否取决于他们的成果在同行中受欢迎的程度？他们现在的职位是否足以保护他们不受同行压力？

　　最后，就像你已经习惯于详细检查统计数据一样，你也应该问问：科学家是否采取了相关措施，来解决他们的认知偏误问题？他们是提供了一碗水端平的正反两方的说明，还是就只对自己的研究自吹自擂了一番？

　　你会发现，对物理学基础的几乎所有研究，上述问题的答案至少会有一个是否定的。这就意味着你不能相信这些科学家的结论。很糟糕，但也很真实。

索引

B

C

D

F

G

H

I

M

N

O

P

Q

S

U

V

X

Y

Z

本索引中 D 大类一条目注

1. 按索引其他书名条目的体例，书名后应该接作者名，但此处林利为小说主人公名，似宜改为作者名（奥布赖恩）。——译者注

图书在版编目（CIP）数据

迷失 /（德）扎比内·霍森费尔德著；舍其译 . — 长沙：湖南科学技术出版社，2022.9
（第一推动丛书 . 物理系列）
书名原文：Lost in Math: How Beauty Leads Physics Astray
ISBN 978-7-5710-0705-8

Ⅰ . ①迷⋯ Ⅱ . ①扎⋯ ②舍⋯ Ⅲ . ①物理学—普及读物 Ⅳ . ① O4-49

中国版本图书馆 CIP 数据核字（2020）第 147445 号

湖南科学技术出版社独家获得本书简体中文版出版发行权
著作权合同登记号 18-2016-120

第一推动丛书·物理系列
MISHI
迷失

著者	**印刷**
[德] 扎比内·霍森费尔德	长沙鸿和印务有限公司
译者	**厂址**
舍其	长沙市望城区普瑞西路858号
出版人	**邮编**
潘晓山	410200
策划编辑	**版次**
吴炜　李蓓　孙桂均	2022 年 9 月第 1 版
责任编辑	**印次**
吴炜	2022 年 9 月第 1 次印刷
出版发行	**开本**
湖南科学技术出版社	880mm × 1230mm 1/32
社址	**印张**
长沙市芙蓉中路一段 416 号	12.25
泊富国际金融中心	**字数**
网址	265 千字
http://www.hnstp.com	**书号**
湖南科学技术出版社	ISBN 978-7-5710-0705-8
天猫旗舰店网址	**定价**
http://hnkjcbs.tmall.com	78.00 元